コミュ力お化けの実況者が出会ってきた人たちがヤバすぎた

俺なんかあいつらに比べたら普通

著──ニキ

KADOKAWA

俺は凡人である。

はじめに

中学生までは、自分のことを面白いだなんて思えたことがなかった。
得意なことなんてない人間だと感じていたし、
自分は自分の人生の主人公じゃないとも感じていた。
コンプレックスの塊だった。

いじられても面白く返せない。
面白くいじれるわけでもない。
そもそも面白い発言なんてできないし、
場を盛り上げるなんて到底無理。
暗くはないけど特段目立つわけでもない。
当時のクラスメイトに俺の印象を聞いたら「いたよね」で終わるような存在。
特にエピソードは出てこない。

かといって悪口も出てこない。
「いいやつだったよ」くらいは言ってもらえるかもしれないけど、その程度。
可もなく不可もなく、記憶には残らない。
何も為せない雑魚モブキャラA。
俺はそんな人間で、そんな自分が嫌だった。

けれど、このコンプレックスをバネにもがき続け、
努力を積み重ね続け、どうにか自信をつけていき、
その延長でＹｏｕＴｕｂｅｒになった。
今ここにいるのは、積み重ねのおかげだ。

今の俺は、俺自身が人生の主人公だと言い切れる。
「ニキは自分に自信があるね」という評価をしてくれる人も今はたくさんいる。
それは、自分をレベルアップさせるために様々なことを積み重ねてきたから。

やみくもに自信があるわけじゃない。自信を裏打ちする努力がある。
そう言い切れる。俺は俺の自信にも、自信がある。
「レベルアップするように頑張ってきた」ことこそが、自信の理由だ。

ここまで俺をレベルアップさせてくれたことは一体何か。
本を書く上で考えてみたら、そのひとつに「人との出会い」があると気づいた。

生きていると無限に人と出会う。
人生の教師になるやつにも、反面教師になるやつにも出会う。
その中から学べるかどうかは大きな差になる。
全ての人間から何かが学べるし、そうやって日々学べたらレベルアップは早い。

実際俺は、面白くなる方法も、勉強することの意味も
仕事のポリシーも、カッコ悪い生き方も、
全部人を見ることでつかんできた。

全ての人間に一長一短がある。
一長のほうをどんどん吸収していけば、長所だらけの人間になれるはず。
人との出会いから学んだことをひとつひとつ振り返りながらこの本を書いた。
多くの人と出会い、多くの人を知ることは、俺の人生でかなり大事なこと。
人と出会って、接するだけで、一生勉強ができると思っている。

といっても、きっと人付き合いに苦手意識がある人もいるだろう。
俺は人間関係が苦手なほうではないが、生まれつき得意というわけでもない。
人とうまく付き合う方法を探り、方法を理屈で習得しているところがある。
その方法も、コラムとしてまとめてみた。

どうやったら人と仲良くなれるのか、大切にされるのか、大切にできるのか。
今まで生きてきた中で得たやり方と考え方を
ほとんど全部この本に書いた。

得意なことがない。
何者かになりたいけどどうすればいいかわからない。
勉強する気が起きない。
自分の人生なのになんだか楽しくない気がする。
もっと友達が欲しい。
面白くなりたい。

この本はどんな悩みにもヒントを渡せるものにしたつもりだ。
もし、今、ひとつでも悩んでいることがあるならば、この本を読んでみてほしい。

凡人だった俺の話を聞いてくれ。

ニキ

Autobiography of NiKi

CONTENTS

第2章　変な出会いもあれば　素敵な出会いもある

第3章　謁見のお時間です

Autobiography of NiKi

第1章　これが主人公思考の根源だ

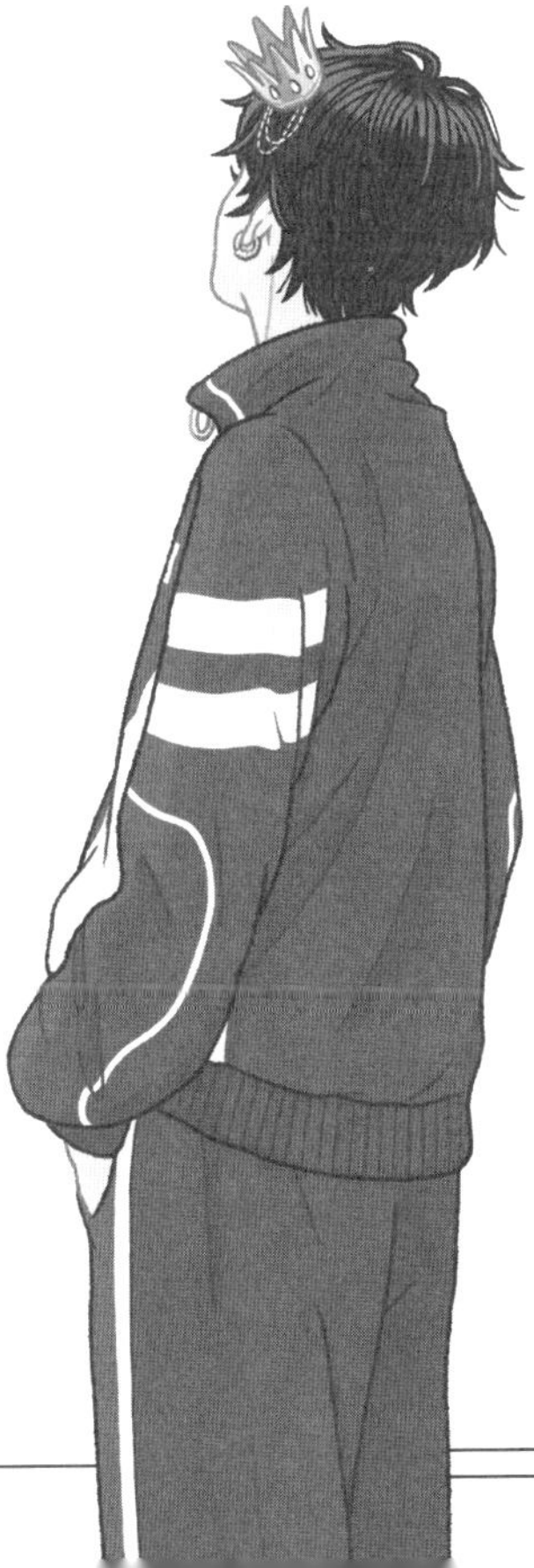

1 person

冗談が全く通じない人

小学生の頃からお調子者だった俺。ふざけることが大好きで、チャレンジ精神もかなり旺盛。家でも学校でも、笑いを取ることが大好き。興味があったらなんでもやってしまうタイプ。しかも森羅万象全てに興味あり。

その性格により、〝冗談が全く通じない人〟の洗礼を受けることになる。当時まだ小学校低学年だったたと思う。

別のクラスの友達から「あの先生はマジで冗談通じねえぞ！」と言われている先生がいた。その先生は、他クラスの担任であんまり関わりがない人だった。

でも、そんなこと言われたら気になっちゃうじゃないですか。

その先生に興味を持った俺は、ある日の給食時間、配膳カートを押す先生の前に立ちはだかり思いっきり通せんぼをした。

「ここは通れませーん！　通行止めでーす！」

「なんで？」

小学生のかわいいイタズラを、たった3文字で止めた先生の顔は真顔だった。うわ！　ガチで冗談通じないやん！！！　声低っっ！！！
小学生ながらにそう感じた。

「あ、はい。すいません」

と、そそくさと逃げ出して、それ以来その先生となるべく関わらないようにした。ショックだったからだ。小学校低学年に、大人のガチトーン真顔「なんで？」は結構キツい。

ちなみに、いきなり飛び出したわけではない。もし給食を引っくり返すような事故を起こしそうだったのであれば、ガチトーンもまだわかる。しかし、その危険もなかった。今思い返してみても、先生のあの反応は、子どもの他愛もないイタズラに対する、純粋な「なんで？」だった。

冗談が通じないと聞いていたとはいえ、先生は大人だ。せめて、「困るな〜」くらいの返しがもらえると思っていた。でも、俺が甘かったようだ。

大人になった今は思う。記憶の中の先生を分析すると、おそらく20代後半。人間は完璧じゃない。それが先生といえど、子どもに対していつも優しくいられるかというと、きっとそうじゃないんだ。日々の疲れもあるだろう。

なんてわかったふりしちゃったけど、未だに俺はちょっと納得いってない！“にしても”、じゃないですか？「小学生の頃出会った印象的な人」を思い出そうとすると、この先生がいちばんに出てくるくらいにはショックを受けたんだ俺は！

今の俺がもし先生の立場だったら、「うわーーー！」「通してよぉ！」くらいのリアクションはするだろう。笑顔か大げさな困った顔で、楽しいやりとりをせめて一往復はする。冷められると悲しいじゃん。普通にキッズとしてキツいっしょ。

そういえば先日、イベントに子連れで来てくれたファンの方がいた。幼稚園くらいの小さい子がこっちを見ていたので、「うぇい！　どした！」と絡みに行ったら、「お菓子持ってる⁉」と聞かれた。かわいい。突然すぎる。イベント中なのでもちろん持っていない。「ないなぁ、ごめんね！」と返した。

子どもへの対応ってこんな感じになるよね普通。このことを思い出してみても、ガチトーン真顔の「なんで？」は子どもにぶつけられない。だってかわいいもん。マジマジにかわいかったもん。間違っても「なんで？」とは言わんすね。

……ってことはもしかして、小学生の俺はかわいさが足りてなかった⁉　だってちゃんとかわいかったら言えないもんな。だとしたらごめん、もっとかわいく言うべきだったわ。先生、あなたのせいにしてごめん。

2 person

主人公すぎるチームメイト

俺は小学校の後半から野球を始めた。わりとガチめなチーム。そのチームから卒業した人は中学校の部活ではなく、どこかのクラブチームに所属するようなレベル高めのところだった。そこに、ヤツはいた。

ヤツとはそう、我がチームのエースである。同じ学年のそいつは小4なのに小6メインの試合に出て活躍していた。監督からもひいきされていて、同じことを俺がやったらボコボコに怒られるようなことでも、彼がやると許されていた。

なぜなら野球が上手いからである。

例えば彼が見逃し三振しても、「エースが打てないなら誰も打てないだろう」と思って誰も怒らないのだ。俺が同じ球で見逃し三振したら、絶対怒られるような場面でも、だ。それくらい、圧倒的な実力があった。

絶対的エース。この呼び方がふさわしい。

監督から、先輩から、後輩から、親から、称賛されるエース。

いいな、俺もすごいって言われたい。

幾度となく願ったが、叶うことはなかった。

実力主義にさらされ、エースを羨望の眼差しで見ながら、小学生の俺は気づいた。

こいつは、人として一段上だ。

エースは野球だけでなく、勉強もできた。

俺があいつだったら……と何度も考えてしまうくらいの存在。

小学生なんて「俺が世界の中心！！」って自信満々で楽しく生きてる最強の生物のはずでしょ。なのに俺は「頑張れば追いつける！」なんて夢すら全く見られなかった。圧倒的な実力差を前に、小学生ながらに諦めを覚えていたのだ。

実力差は残酷。

俺は主人公じゃない。

この場所の主人公はあいつだ。

いつのまにか自分の人生の主役を乗っ取られたけれど、親を失望させたくない一心で「将来の夢は野球選手だよ！」と言い続けた俺。けなげすぎる。

中学生になってもクラブチームで野球は続けていたので、そのあいだは惰性で将来の夢の欄には野球選手と書き続けた。

なれないことはわかっているのに。

ま、エースは俺と同じクラブチームには進まなかったんだけどね。しかし、エース不在のチームでも、俺は主人公になれなかった。

野球をやっているのに野球が好きじゃない。野球が上手くない。

中学生なんて中二病なのに、自分の人生で主人公になれない。これは本当にしんどい。自分に対して、どのツラ下げて会えばいいかわからないような感覚だった。

野球がうまくいかなかったことは、俺の中でエグいコンプレックスになっている。

俺はコンプレックスの塊だけど、その芯はこの時代に出来上がったんじゃないかな。

「なんとしてでもこのコンプレックスを覆そう」というパワーで動いて、覆し続けてるのが俺です。

そう、当時の俺はコンプレックスの塊だった。パッとしなかったのは野球だけじゃない。通知表はオール3。ザ・アベレージで面白みも何もない、無個性な3。見た目は猿。友達から猿と呼ばれていたから間違いなく猿だ。当時の写真を見ると「我ながら猿だなあ」としみじみ思うレベルで、カッコいい猿では決してない。ビジュアルに自信なんて全く持てなかった。電車に乗っていて「あっ、男子中学生がいる」と思う見た目の、スタンダードな男子中学生を想像してみてくれ。そう、それ。そいつが、俺。

全てが50点。飛び抜けていいところがないだけでなく、悪いところもないからタチが悪い。むしろ0点があるほうが物語になったかもしれない……と思ってしまうほど、本当につまらない人生を歩んでいた。

漫画の登場人物だったら、フルネームが出てくるかも怪しいモブポジション。コミックスの冒頭にある登場人物紹介には載らないだろう。

中学生は地獄だったな。そして高校では、覆そうともがいていた。高校時代の修

行が実を結んで、コンプレックスを覆したぞ！と思えるようになったのが大学生
……なんだけど、その話は長くなるからまたあとでするわ。

話を戻して、後日談。
ある日、中学からの帰り道、チャリを押していたら、エースにばったり会った。
だが、一瞬気付けなかった。なぜかって、彼にエースの面影がなかったから。私立の進学校を受験した彼は野球をやめていて、勉強一筋になっていたようだった。俺が憧れた野球少年のエースは、もういなかった。

なんでお前がやめるんだよ。なんで才能のあるお前がやめて、なんで俺が続けてるんだよ。勝手にショックを受けている自分がいた。
それに加えて、現実のリアルさも感じた。あんなに上手くて憧れるやつでも、プロにもならず、甲子園にすら行かず、中学でやめちゃうんだ……って。

それこそ「なんで？」って言いたかったな。真顔で。

3 person

俺に昭和の根性を授けてくれた人

今から話すことは、根性がついたから〝いい思い出〟になっているわけではない。「授けてくれた」と言ってはいるが、全くもって恩は感じておりません。

小学生の頃の野球チームの監督は、一言で言うと鬼。厳しいとか、メンタルが鍛えられるとか、そんな生易しい言葉で言い表すには地獄すぎる環境だった。

野球をほぼ精神論で教えてくるくせに、ミスしたらぶん殴られる。熱が出ても休めない。這ってでも来いと言われ、休むと公式戦に出してもらえない。その公式戦でも、審判に見えないようにベンチの陰でバットでどつかれる。これ、俺が小学生の頃だからね。2010年くらいの話で、昭和じゃない。意味わかんなくないすか？

親がかばってくれないの？と疑問に思う方もいるかもしれない。それがくれないのである。親たちは「野球とはこういうものだ」と思ってしまっている。止めてくれるのは試合の審判だけ。「監督さんやめてください！」という声が聞こえたら、もうその審判はメシア。そのときだけが唯一、監督につらくあたられない時間。「この試合は耐えられる！！！」と心の中で大喜びしていた。

正直、この中世だか昭和だかのような教育は、平成生まれの俺にとって最悪。トラウマ級。さっきから3本連続で幼少期のトラウマを話していて申し訳ない気もしているけど、幼い頃はこんな感じなので仕方ない。聞いてくれ。

そんなトラウマ経験だけど、今の俺には役に立ってしまっているのだ。あのときのせいで、何があっても全く凹まなくなったから。つらいとか、無理だとか感じる閾値がものすごく高くなった。

こんなことでメンタルを鍛えるなんてよくないと思う。真似してほしいともあんまり思わない。だが、休み無しで動画を撮ったり、編集をしたり、イベントに参加したりしても、「つらい」と感じないのは、残念ながらかなり快適だ。

あの監督のおかげだとは言いたくないけれど、野球の厳しさのおかげで強くなったのは確かだと思う。俺の人生の一部を確実に支えている。最悪なことに。

今は失敗しても殴られない。それならなんだってやれるし、失敗しても全然大丈夫だと思える。チートじゃんこのメンタル。

ついでに、俺が野球大嫌いになった事件のことも書いとこうかな。

小学生の頃の試合中。ちょうど俺の打順が回ってきたときに「この大事な場面で打てば勝てる!」というシーンがあった。

バッターボックスに入る。球をしっかり見て、バットを振る。

——俺は打てなかった。監督に顔をあわせづらい、チームメイトはどう思っているんだろう。そんなことをぐるぐる考えながらベンチに戻ると、声が響く。


「ニキ、ちゃんと打てよ!」


その声をあげたのは、監督でもチームメイトでもなく、実の母親だった。さすがの俺の心も逝きかけた。まずいと思ったのか、周りの保護者が母を止める。

母は涙目で、その目を見てわかった。俺を責めたいわけじゃなく、ただ悔しかったのだ。でも、失敗したあとに親から追い打ちをかけられたことは、間違いなくショックだった。

これをレベルアップさせたような事件が中学の頃もう一度起き、そこで俺は野球をやめると決心した。やめるにやめられず「将来の夢は野球選手」と取り繕い続けていた俺を決心させたのは、とある公式大会。2アウトでランナー2塁。ここで点を取れなければ即負けが決まるタイミング。バッターボックスに立つのは俺。打てばまだ得点チャンスはあるという状況だ。

自分のチームの応援が鼓膜を揺らす。太鼓の音が鳴り響く。大声でみんなが俺の名前を呼ぶ。ピッチャーがボールを投げる。バットを振る。ボールはバットに当たった。

その瞬間、全ての音が鳴り止んだ。

俺の打った球は弧を描き、内野手にしっかりとキャッチされアウトになった。内野フライだ。

俺のミスの瞬間、全ての音が鳴り止んだあの絶望の瞬間は、今でも忘れられない。あの瞬間、思った。「ああ、野球やめよう」と。

これがとどめだった。

今まで生きてきた人生の中で、これよりつらい瞬間はまだない。あんな大音量があからさまに鳴り止んで、俺の失敗を突きつけてくる。あんな絶望はこの先ももうないんじゃないだろうか。あれより大きな失敗をすることがあっても、あれほど一気に、一瞬で、周りの失望を受け止める機会はないだろう。

野球をやっている時期のことはもう思い出したくない。俺の黒歴史だ。自分で自分のことがあまり好きじゃない。

まぁ、これをバネに俺はどんどん自分のことを好きになっていくんだけどね。

4 person

ノリの師匠になった人

野球少年だった小中学生時代の俺。あの頃は面白くもなく、いじられても返せなかった。本当に野球しかやっていなかったから。

そんな俺が今みたいになったのは、高校生で出会ったお調子者の同級生のおかげだ。スクールカーストのトップオブトップみたいな、めちゃくちゃ面白い男の子。

通っていた高校は、「何をするにも面白を求めなくてはいけない」という謎の環境だった。面白にストイックな高校で、ボケる常連は常に「何やろうかな」と考えている。やらない側もいつでも笑う準備はできている。そんな高校。

当時は他校を知らないので「高校ってこんなところなんだ！」と思っていたけれど、よく考えてみたらそんなわけない。どう考えても違う。

その学校の中で最も面白かったのが、師匠となるトップオブトップの男だ。

ボケても面白い、いじられても面白い、何させても面白い。誰からも好かれる学校の人気者。ツラは普通に一般的だったけれどかなりモテていた。面白だけで全てをかっさらう男。

そんな彼と仲良くなった理由は、簡単に言うと「うるさいやつとうるさいやつが出会ったから」。

高校は、さっき説明したように「何をするにも面白を求めなくてはいけない」という雰囲気。当然、男子同士が出会うと「どれだけ最初にカマせるか」の勝負になる。俺と彼のカマしあいの舞台は、1年生の1学期、課外授業のバスの中。

とにかく最初の空気を自分が持っていく。場を掌握する。これが重要だ。そのためにはまず、誰よりも早くバッターボックスに立つ必要がある。初っ端の課外授業でカマしてやる！　そう考えていち早く動いたのは、俺と彼だった。

顔が似ていると言われていた俺たちはふたりともうるさいのもあって、双子扱い。そこで彼は「俺、ニキよりカッコいいって！」と、言い張るボケをした。俺も「これと似てるの！？」なんて言いながら、タッグを組んで場を掌握。

その日から「俺たちはふたりでボケよう」という絆が生まれた気がする。少なくとも俺はそう感じた。

しかし、彼は俺の一段上だった。だってさっきのやりとりも発案はそいつだし。バッターボックスに立つ回数も、打ったときの飛距離もヤツのほうが上だった。悔しさを感じる前に、俺は憧れた。憧れるがあまり無意識に彼に似ていった。それくらいすごかったのである。「真似しよう！」と思わずとも、寄せてしまう。それくらい魅力があった。好きな芸人さんに言い回しが似てくるのと同じような現象だと思う。俺は今でも彼のことを師匠だと思っている。

ちょっと宣伝！　この師匠、最近ＹｏｕＴｕｂｅｒデビューしている。しかも俺の紹介で。つまり俺はコミュ力の師匠のＹｏｕＴｕｂｅの師匠。ややこしい。

彼の活動名はシードです。俺の師匠をよろしくね。

去年から彼のＹｏｕＴｕｂｅチャンネルがスタートし、俺のチャンネルにも出演動画が上がっています！　このページを読んだあとに観てもらえたら「これが師匠か」って視点で楽しめてお得かもしれません。ぜひ。……宣伝終わり！

で。シードと一緒にいて、見習っていったおかげで俺のコミュ力はトップスピードで上昇。同じレベルとは言わないが、ほぼ近いところまで行くことができた。

その後はふたりで大暴れだ。

心に残っている文化祭のステージがある。俺らではなく、同級生のかわいい女子集団がK－POPを歌って踊るステージだ。俺たちはそれを遠巻きに見ていた……はずだった！

シードはいきなりステージ付近までバッとかけより、客席とステージの間に出て行く。そして、オタ芸のマネをし始めた。あっというまに「アイドルと歯止めが利かなくなったファン」の構図が出来上がり、会場は大ウケ。なんなら女の子たちよりも目立っている。文化祭のステージという大きな舞台に向かって、臆することなくすぐに動ける度胸に感動すらした。すごすぎる。

完全に負けだと感じた。勝てないとわかっていても、俺も何かしなければ……。そう思いながら俺も前に飛び出し、警備員のマネをする。「アイドルと歯止めが利かなくなったファンとそれを静止する警備員」という設定を作り上げ、「すみません、離れてください」というジェスチャーを繰り返した。
俺のパフォーマンスもウケはしたが、彼に乗っかって手にした笑いだ。負けたな、という思いは拭いきれなかった。パイオニアと二番手、どっちがカッコいいかなんて一目瞭然だろ。

ただひとつ、俺にしかできない役目もあった。それはシードをキリのよいところで連れて帰るということだ。こういうとき、長居しすぎるとたいていすべる。どこかで俺が飛び込まないと、彼は自分で区切りをつけて帰ってこなければならない。振り切れたオタクの真似をしながらその状況を作り出すのは至難の業だ。かといって、前に居続ければ客席に「もういいよ」と冷められかねない。ボケは引き際が肝心だ。

そこで俺の登場ってわけよ。ある程度ふたりでボケ合いをしたあと、俺が警備員として彼を連れ帰ればうまくストーリーが出来上がる。しっかりと、コントのラスト（のようなもの）が完成するのだ。即興にしては上等だろう。

「何かひと笑い起こしてあっさり帰る」がいちばんその場は盛り上がる。主役はステージにいる女子たちだし、しつこくしてもいいことない。

ちなみにひと笑い起こせなかったときも帰ったほうがいい。面白かろうが面白くなかろうが、引き際が肝心。すべっても引き際をわきまえとけば安心。

もうひとつ、学校でふざけるときに肝心なのは「すべるのを恐れないこと」。この度胸がないと、中途半端になって面白くなくなりがちだ。絶対イケる！と自信満々でやることがとにかく重要だと思っている。ドキドキしたり緊張したりはダメ。自信満々じゃないと見ているほうがハラハラしてしまう。

内容はわかりやすさを最重視。シュールなことをやろうとするとすべりがちだ。パッと見て理解しやすいものがいい。俺はあるあるネタをよく使っていた。

なんてアドバイスみたいなことをしたけれど、俺が乗れば師匠の彼がなんとかしてくれることはわかっていた。

その安心感からすべるのを恐れず、わかりやすいネタを堂々とできていたのだと思う。俺は師匠に恵まれた。ありがとう師匠。あなたから教えてもらったノリのおかげで、今俺はＹｏｕＴｕｂｅｒとして活動しています。

5 person

スポーツ生活最後の最後でやっと主人公になった人（俺）

高校の野球部は強かった。強かったが、そのときの俺はもう野球が大嫌い。続けたくなくて、バスケ部に入ることを選択した。バスケを選んだ理由は、親父が企業に所属して社会人バスケットボールをやっていたから。Bリーグが始まる前に、プロ選手のような活動をしていた。父は中高生向けのバスケットボール教室もやっていて、俺は野球少年時代もトレーニング代わりに親父の教室に行くことがあった。

っていうこともあってバスケを始めたんだけど……めっちゃ聞いて！　俺、野球少年時代は暗黒だったじゃん。でもなんか、俺はバスケが向いてたみたい。

ちゃんと始めたのは高1からなのに、高1で試合に出場。周りは中学時代からバスケ部のやつらばっかりなのに。始めたてとは思えない、とみんなから言われた。

主人公来た。俺が主人公になった。そんな感覚になれるくらい、俺はバスケ部では活躍できた。

最初からバスケをしておけばよかった。親父がバスケやってんのになんで野球なんか始めちゃったんだろう。最初からバスケをやっておけば俺もエースだったかもしれないのに……！

完全に余談だが、俺が野球を始めてすぐにクラスで『イナズマイレブン』が大流行し、そのときも「なんで俺はサッカーを選ばなかったんだ」と後悔した。野球、なんで選んだんだろう俺。本当に。

高2になるとき、部活で監督をしていた先生が転勤になり、バスケ部から指導者が消えた。そのとき白羽の矢が立ったのがそう、俺の親父だ。まさかの実の親父が監督。抜擢された親父は、仕事が休みの月曜日に部活に来るようになった。契約だか登録だかをしていた記憶もある。野良の親から監督の親に昇格。

俺からしたら、これは結構嫌だった。なんでかって、俺が他のやつらよりちょっとだけ多く怒られるから。おかげで、高校の部活でも蹴られるはめになった。今回は俺だけなのがうぜえ。ふざけんな。いつまでも近くに暴力があるのやめろ！

バスケを始めて、改めて親父のプレイを見ると「なんで体衰えてるのにそんなシュート決められるんだ⁉」とちょっと感動した。フィジカルでなく技術でキメる姿はカッコよかった。漫画でよくある、「おじいさんが強い」みたいな感覚。

小中学生の野球でしんどいトレーニングばかりやっていたのも大きかった。高校の部活は、格段にぬるくて楽しさしかない。県大会に出られたら御の字のようなチームだったが、いや、だったからこそ最高に楽しかった。

弱小でも俺たちなりに頑張っていたから、引退試合ではちゃんと涙が出た。しかも、最後の試合の俺はかなり主人公だったのだ。ゾーンに入る、とでもいうのだろうか。ドリブラーだった俺は、試合中盤で負けているタイミングから、なんと6、7本連続でシュートを決めた。これがどれくらいすごいことか、バスケ部の方ならわかってくれるだろう。それで10点差まで追い上げた。

シュートを放てば入る。俺は無敵なんじゃないかと錯覚する。あの高揚感は紛れもなく主人公そのもの。俺の調子がよすぎて敵チームがタイムアウトを取ったときの快感は忘れられない。俺の流れを断ち切るためだけのタイムアウト。チームメイトは「お前エグいって！」と抱きついてきた。なんて気持ちがいいんだ。

そんなに活躍したにもかかわらず、俺の学校は敗れた。でも最高の試合だった。親父も最後の最後に俺が活躍する姿を見て喜んでくれたと思う。学生生活で主人公になれて、本当によかった。

その敵チームの選手と大学の授業で隣の席になったことがある。おたがい覚えていたわけではないが、敵だった高校のバスケ部だと聞き、「俺は○○高校のバスケ部で6番だった！」と伝えたら「……お前か！」と言われた。アニメだったらここから2期が始まってもおかしくない。

向こうのチームでは「6番やばい」「6番止めろ」という話になっていて、俺は曲者扱いだったらしい。改めて「あの日の俺は主人公だったなー」と思えた。

やっぱり自分の人生の主人公は自分じゃないとな！

6 person

勉強を教えてくれた人

勉強がどうでもいいのは小中学生だけ。特に若い子に伝えたい。勉強は意外と大事だぞ、と。小中学生の頃は成績にガチってなかった俺が、いきなり勉強を始めたのはなんと高3の春。それまで全くと言っていいほど勉強しなかったのに、本気の大学受験をする気になったのだ。

その理由となった人間がふたりいる。
まず一人目は、ある日突然「俺、勉強するわ」と宣言し、大学受験を目指して努力し始めた友達。クラスも部活も同じで、高校時代いちばん仲がよかった男だ。名前をかっちゃんという。俺と同じくらい勉強に一切興味がなかったくせに、本当にいきなりスタートした。

「俺、勉強していい大学入るわ」

かっちゃんがそう宣言したのは、高3の始まりの時期だった。
かっちゃんと俺とよくつるんでいたもう一人の友達・ヒロアキも感化され、「俺もいい大学入るわ」と勉強を始めてしまった。

「いい大学って、お前らどこ行くつもりなの？」

「同志社に行きたいと思ってる」

俺たちの高校は普通……というかどちらかというとぱっとしないところだ。そして同志社は、関西の難関私立大である。「関関同立」という言葉は、全国でも有名だろう。そのとき確認したら、彼らが志望している学部の偏差値は67あった。

同級生に大学に行くやつはいる。しかし、関関同立を目指すやつなんか学年に一人もいない。俺なんて、筆記で大学受験するイメージすら持っていなかった。「どっか地元の大学に推薦もらえそうならそこに進学しよ」と考えていた程度だ。

異様な光景だった。いつもバカばっかりやって、くだらないことしかしていなかった仲間ふたりが、常に英単語帳を開いている。飯を食っているときも、電車に乗っているときも、スキマ時間は常に勉強。学校にそんなやつはほぼいない。少なくとも俺は見たことない。一方で俺は、ふたりほど思い切り勉強に舵を切ることができず、少しの間、モチベは湧いていなかった。

そんなときに、転機を与えてくれる先生と出会う。高3から赴任してきた日本史のオカ先生だ。オカ先生が、なぜか俺にやたら勉強を勧めてきたのだ。全然勉強する人がいない学校なのに。

「ニキ！　本気で勉強やってみな！　人生変わるぜお前！」

何度もそう言われていた。しかし俺は、何言ってんだ、俺なんか勉強したって絶対ムリでしょ、と、最初はまともに受け止めていなかった。

けれど、何度も何度も言ってくる。「1年間あれば大丈夫！」「絶対イケるって！」「こうすりゃいける！」、ときには具体的な計画も伝えながら励ましてくれるオカ先生のポジティブな言葉で、俺の気もすっかり変わってしまい、ある日「俺も立命館行くわ！！！」とそう宣言した。

そこから生活は激変。やると決めたことはとことんやるのが俺。

1日10時間勉強。学校に行っている間ずっと勉強するのはもちろん、放課後もひたすら机にかじりつく。最初はまだ部活を引退していなかったので、学校へ行く、部活、勉強、家に帰って寝る。その繰り返し。

3人で塾に通ったし、家でもしっかり勉強。そして『ドラゴン桜』を熟読。めちゃくちゃ受験勉強へのモチベが上がるのでおすすめ。

勉強を全くしないところから、めちゃくちゃするようになったので、成績はすさまじい勢いで伸びた。上がるたびにオカ先生に「◯位になったよ!」と報告し、モチベはどんどん上がっていく。もう一人の友達・ヒロアキがモチベ上げ上手だったのも大きいかもしれない。彼とこんな会話をした記憶がある。

「ニキ、自分の人生をひとまとめにしたら、本になるか?」
「いやぁ、ならないかもな〜」
「ここで俺らが大学に合格すると、物語になるんだ!」

俺の周り、バカ前向きなやつしかいない。俺似。モチベが上がる要素しかない。「俺らの人生、本にするしかねぇな！」と言いながら勉強した。

4月から勉強した俺らは、10月に成績が学年トップ3になる。それも当然と思えるほどの勉強量だった。学校で俺らくらい勉強してるやつはいなかったはずだ。けど、そこからさらにバカみたいに勉強をした。これ以上できないくらいに。


受験日のことは今でも覚えている。

俺のいちばん得意な教科の日本史試験でのこと。俺は、ずっと日本史は校内テスト1位。難しいとは言われているけど、1位の俺ならなんとかなるだろう。そんな気持ちで、配られた問題用紙を表に返した。その瞬間衝撃が走る。めくった瞬間に「あ、俺落ちるな」と確信した。1問目は韓国の皇帝を問う問題だった。

手を上げて「これ本当に日本史の問題ですか？」と聞きたかった。見たことのない問題。知らない知識。2問目以降も意味のわからない問題文が続く。いちばん得意な日本史でここまでわからないなら、他の教科ができるわけない。

あとで聞いたところによると、そのテストは合格者でも高得点を取れるタイプのものではなかったらしい。だが、俺の自信は打ち砕かれた。

受験の結果は、全落ち！！　惨敗！！

しかも3人とも。

俺は関西学院大学のみ補欠合格したものの、繰り上がれず落ちた。難関大学は、2年間遊んでたやつらがラスト1年頑張ったくらいで受かるような場所ではなかった。

合格発表の日は友達と市民体育館でバスケをしていて、みんなの前で不合格を確認。その友達は受験をガチっていなかったからか、「じゃあバスケ続けるか」とさらっと流してコートに戻っていった。

親には直接言う勇気がなくて、LINEで「だめだったわー」と送った。両親ともに大学に行っていないこともあり、こっちの反応もさらっとしていた。「うまい飯でも食いに行こうかー」くらいのテンション。なんなら、「そんなにお金ないから大学行かなくてもいいよ！」くらいのノリ（笑）。だから気が楽だったな。実際、浪人するのは金銭的に無理な家庭環境だったこともあり、難関大はすっと諦めて、すべり止めの大学に行けたしね。

受験は甘くない。大学受験がこれからのみなさんは、高1から勉強してください。3年からじゃ間に合わないこともあります。俺はあんなに頑張ったのに、勉強してなかった人たちと同じ大学に行くことになりました。

……でも結局、落ちたことも本になったから、よしとするか。この本、ドロアキにあげようかなー。

7 person

いろんな漫画のキャラみたいな人

高校卒業後、受かった大学に進学。高校で出会った友達が最高に面白かったので、大学にはどんなすごいやつがいるんだろうとワクワクしていたにもかかわらず、全くもって出会いがなかった。吸収できるやつが見当たらなかったおかげか、俺がトップでNo．1だと思えたシーズンでもあった。高校で得たコミュ力を使えば、俺つえええ！！って感じ。小中学生時代が嘘みたいに順調に昇っていった。逆神童。敵なし。だって誰も打席に立たねえんだもん。

何人周りにいようが俺が壇上に上がれる。そして壇上に上がったことでさらにワーキャー言われる。そして男は俺を見て嫌な顔をする。妬ましいんだろう、悔しいんだろう。それが気持ちよかった。あのときは大うぬぼれしてたな。まぁ、今もしてるんすけど。

だが、学校から出るとすごい人はたくさんいた。俺より上がうようよ。

大学時代、いちばんすげえと思った人は、バイト先の店長であるTさん。

Tさんの尊敬ポイントはいろいろあるのだが、最も衝撃だったエピソードから話をさせてもらう。

ある冬の日、友達と地元のお祭りに行った。道をウロウロしていたら、酔っ払った輩に絡まれた。ダウンを着た、あからさまにヤンキーといった印象の輩。相手は3人いて、「睨んだだろてめぇ」と難癖をつけられ、「睨んでないですよ」と言っても無駄。ずっと道の端で揉め続け、どうしていいかわからなかった。

そんなとき通りかかったのがTさん。不穏な空気を察知したのか俺たちにかけよって「どうかされたんですか?」と間に入ってくれたのだ。

カッコよくTさんが登場したのが気に食わないのか、さらに絡むヤンキー。火の付いたタバコをTさんの顔に思い切り近づける。Tさんは一切ひるまない。相手をまっすぐ見てTさんは「もうやめましょうよ」と言った。

読者のみなさん、店長という役職+敬語での登場から、真面目そうなおじさんを想像したんじゃないですか? 違う。Tさんは当時26歳、ムキムキの元プロボクサー。見た目はそこらへんのヤンキーよりもよっぽどいかついのだ。

俺はワクワクした。「もしかしてこのヤンキー、Tさんにボコボコにされんじゃね?」って。そんなの漫画みたいじゃん。

でもTさんは想像以上に漫画だった。ヤンキーのうち一人が、急に慌てだす。威嚇する仲間に「おい、やめとけ！」と言い、チワワのように小さくなった。

そう、その男はTさんのことを知っていたのである。どうやら同じボクシングジムだったらしい。「元プロでめちゃくちゃ強い人だから喧嘩をふっかけても勝ち目がない」というようなことを仲間に説明している。


か、かっけぇ〜！

ヤンキー系の漫画の強キャラじゃん！！！


敬語で話しただけで、ヤンキーたちをビビらせ、追い返してしまった。Tさん、クソカッコよくね？？場が収まるとスッと帰ってしまったのもカッコいい。

このエピソードはヤンキー少年漫画の強キャラだけど、Tさんは他ジャンルの漫画の主人公を兼ねているのもすごいところだ。

例えば経営者としての姿。ビジネス系漫画を正論でのし上がっていく強キャラのように、Tさんはカッコよかった。

大学生の俺に真剣に向き合い、怒るときはしっかり理屈を教えながら注意してくれる。仕事をしっかりやるとプラスでボーナスをくれたし、「ニキは頑張ってるから」と大学生じゃ行けないところに食事に連れて行ってくれた。「仕事をしてくれたら見合った給料を払わないと人はついてこない」というポリシーを持っている。そんなカッコいい人だった。単なる学生バイトの俺を大切にしてくれる姿はカッコよくて、もっと頑張ろうと思えた。

「上司の期待に応えている!」という実感の大切さもTさんから教わった。

さらに、頼れる兄貴的な、心温まる漫画キャラ要素も兼ね備えているのがTさん。面倒見がとにかくよい。

「お前、そんなに面白いんやったらＹｏｕＴｕｂｅやったら?」「普通に働くより向いてそうやろ」。そう言って俺にＹｏｕＴｕｂｅをすすめてくれたのもTさんだった。

大学で無双していた当時の俺は悪い気はせず、むしろ「確かに俺だったらイケるかも?」なんて思ってYouTubeを始めた。

Tさんはそんな俺に「自分の買ったら返してくれればいいから」と、PCを貸してくれた。そのPCにはTさんに必要ないはずの動画編集ソフトが入っていた。貸し方がカッコよすぎる。強キャラ。奨学金で大学に行っていた貧乏学生の俺は、PCやソフトを買う金もなかったのでとにかく感謝したのを覚えている。

どうやって恩返しすればいいのか、というレベルのご恩があるのだが、Tさんは俺にこうも言っていた。

「俺には何もしなくていいから、いつか年下の次の子にやってあげて」

いや、カッコよすぎ!! 俺はTさんから「人についてきてもらうには、まず自分が差し出さないといけない」ということを学んだ。俺もいつか年下の面倒を見て、「次の子にやってあげて」って、言いてぇ!! Tの意志は俺が受け継ぐ!!

COLUMN ONE

コミュ力は総合点。会話が苦手なら点数の稼ぎ先を増やせ

[COLUMN ONE]

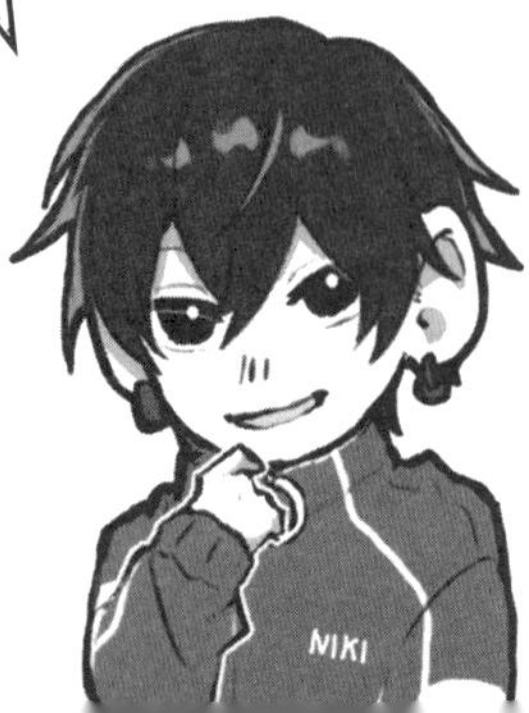

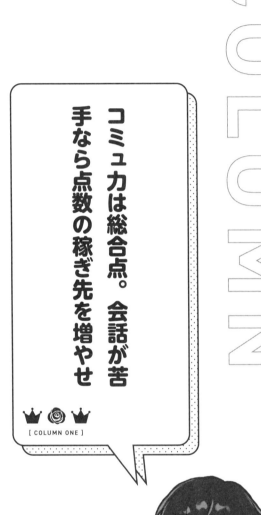

コミュ力というと「うまく話す」「うまく聞く」「相手と打ち解ける」みたいなコミュニケーションの能力のことだと考えるのが一般的だけど、俺は違うと思う。

コミュニケーションの正解不正解は相手との関係値で決まる。相手が俺といて居心地がよければ、話さなかろうが話を聞かなかろうがOKなのが人間関係だから。おたがいが関係に満足していればそれでいい。

身も蓋もないけどわかりやすい例をあげてみる。とんでもない口下手で、聞き下手でも、YouTubeのチャンネル登録者数が50万人超えているというだけで、一緒にいたがるやつはいる。残念な話だけど、そこそこの数いる。

極端な話、性格がクソでも1000万人登録者がいればかなりの数の人が一緒にいたがって、何をしゃべろうが勝手にコミュニケーションにしてもらえるんじゃないかな。

何が言いたいかって、会話みたいな「直接的なコミュニケーション技術」の上手い下手の点数なんてその程度のものってことです。

「こいつと一緒にいたいな」と思わせる魅力がどれだけあるかのほうが、人との関係には大きく関わってくる。

試しに、俺の「一緒にいたいなポイント」をいくつかあげてみようかな。

わかりやすいのはYouTube。登録者数と編集力は割と自信があるほうだし、そのつながりで一緒にいる人がたくさんいる。

次は「しゃべってて面白い」。これも高校時代から鍛えているので自信がある。配信者としてのしゃべりじゃなくて、友達としてのやつね。

あとは「ゲームが人並みにできる」。人並み？と思うかもしれないが、魅力なんてこの程度でいいんだよ。得意じゃなくても、「なんかゲームやりてえな」というときに呼んだら来るってだけで、仲良くなる意味はあるでしょ。

まだまだあるが、この3つだけでもかなり戦える。YouTubeがなくなったら大きな痛手だが、話して楽しいと思ってくれている人や、ゲーム仲間は残る。

とにかく、「点数の稼ぎ先を増やす」のが重要だ。

AくんとBくんが同じことをしたのに、Aくんは許されてBくんは嫌がられる、なんてことがあると思う。それは、Aくんは他のところで点数を稼げているから許され、Bくんは稼げていないから許されなかった……というパターンが多い。普段優しいから、誘えばゲームをしてくれるから、イケメンだから、一緒にいると落ち着くから。こんな感じで別の稼ぎ先で点数を溜めていると、「同じこと」をしてもカバーできてしまうって話。

会話が苦手なら、「一緒にいると無理に話さなくてもいいから楽」という雰囲気で、点数を稼げばいい。人との関係を円滑にするのは話の上手い下手だけではなくて、日頃からの積み重ね。魅力が増えれば、会話の配点は減る。

会話だけで100点を目指すより、いろんな稼ぎ先を見つけて、1個5点ずつ稼いで、100点を目指すほうが安定するはず。1個ミスっても影響が少ないからね。

たくさんの小さな魅力＝稼ぎ先を磨いて、「一緒にいたさ」を上げていけば、自分の得意な方法で関係値をプラスにしていけるはず。

COLUMN TWO

初対面は「無限なんで」で攻略できる

[COLUMN TWO]

初対面の人が苦手だから、避けてしまう。そんな方々に言いたい。

そうじゃないだろ!!!! 難しい技は回数こなすしかねえぞ!!!

当たって砕けろ。そのうち耐性がつく。やれ!

……と、やみくもにやらせても、初対面の人を攻略するまでの道のりは険しい。

なので「苦手な人必見! ニキくんのトーク術」をここで公開する。めっちゃ簡単ですぐできるものなので、かなり参考になるはずだ。


「なんで?」って無限に聞け。これだけです。

初対面の人と話すときは、「興味ある」のハードルをすげぇ下げろ。例えば相手がゴルフが好きだとわかったら、すぐさまゴルフに興味を持て。相手にゴルフについて聞け。人は、好きなものについて語るのが好きだ。聞いてもらえるのが好きだ。相手の好きなものに即食いつけば、話は即盛り上がる。

ゴルフなんか知らないよ、と思う人も多いよね。でも知らなくてもOK。「なんでゴルフが好きなの?」「なんでゴルフ始めたの?」でいい。「なんで」は知識がなくても使える最強ワード。答えてもらったら、その中に「なんで?」を探す。「なんでゴルフの試合をたまたま観たの？」「なんであなたのお父さんはゴルフしてたの？」など。

相手の好きなものがわからなければ、直球で聞けばいい。「趣味はなんですか？」「好きなマンがあります？」とかなんでもいい。相手の情報を引き出して、その後はひたすら「なんで？」で攻めろ！

この話した相手をAさんとする。俺にとって、初対面のAさんは「ゴルフの世界から来た人」だ。つまり、俺にゴルフの世界を教えてくれる人。

しかも「もっとゴルフのこと教えて！」と言えば、仲を深めながら知識も深められる。経験者に質問できるなんて贅沢でしょ。しかも、おそらくAさんから引き出せる知識&熱量の中でいちばんパワーがあるのがゴルフ。つまり、相手の最有力の情報を初対面で聞けてしまう、ということだ。

この感覚で、「俺に新世界をありがとう」という気持ちで話を聞くといい。

そして生きているとまた次のゴルフ好きな人に出会う。そのとき、Aさんから得ていた知識をもとにして「前にゴルフ好きな人から聞いたんですけど～」という話ができれば、さらに世界は広がる。同じことを言っていたら「あるあるなんだな」と知れるし、違うことを言っていたら「ここは人によるんだな」とわかる。知識は積み重なっていき、話のネタにもなってくれる。

すごくね？ ゴルフの本2冊読むより、ふたりに会うほうがリアルがわかっていいんじゃね？とすら思う。本を読むのが苦手なら、そのぶん知らない人と話したほうがいいと思う。「会話を続ける」と「知識をつける」の2つの目的を同時に達成できるって、かなり効率いいんじゃね？

会話を楽しめれば、楽しく知識がつく。会話が楽しめなくても、知識だけはつく。そう考えれば、避ける必要ないじゃん！ 新しい世界もらおうぜ！

この本では出会った人の話をたくさんしているが、俺は人と出会うことを「海外旅行」くらいにとらえている節がある。それくらいの気持ちで、冒険していたい。だって、知らない人との出会いって新しい文化に出会えるじゃん。インド行って価値観変わった！みたいな話を聞くことがあるけど、同じように「〇〇さんに出会って価値観変わった！」ということも、結構起きると思うんだよな。

COLUMN THREE

初対面の人が初対面すぎない理由

[COLUMN THREE]

→の大きい見出しを見て、は？と思ったみなさん！　意味わかんないですよね。今から意味、わからせます。しっかり聞いてください。

「初対面の人」と言われると、なぜか「なんの接点もない人」を想定しますよね。でもさ、違わん？　その初対面の人と、どうやって会うことになったかということを考えればわかる。例えば新学期で出会う人。その人ってなんで出会うことになった？　同じ学校に入っているからだよね。さらに、授業の選択が同じということもある。そう、「何か共通点があるからこそ出会っている」。これは全ての初対面の人がそうで、たまたまライブで隣になった人は推しが同じだし、友達の紹介で出会う人は共通の友人がいる。ビジネスパーソンとギャルがクラブで出会ったってふたりは「クラブ好き」という共通点がある。

つまり、仲良くなれる要素は絶対にあるってこと。これがわかってれば、話しかけるハードルはかなり下がる。初対面の人に緊張しても、「この人と俺が出会うに至った共通点はなんだ？」を考えてみれば、初対面すぎなくね？　わかった？

COLUMN FOUR

[COLUMN FOUR]

スクールカースト上位は全くすごくない

スクールカーストって、所詮そのスクールの中だけの順位なんだよね。ここをわかってると、人間関係の悩みって減るんじゃないかな。上位の人から何か嫌な態度を取られても、これを思い出せば「あっそw」って思える気がする。

例えば学校でワーキャーされてるやつがいたとしても、そいつが全く知られてない場所に行ってもワーキャーが起きるかな？　よっぽどすげえやつ以外は、同じノリで立ち向かったらすべるよ。そいつが女研※に来て学校と同じ状態でいられるか想像してみてほしい。多分無理だよね。みんなそう。

そして、よそに行ってもワーキャーを巻き起こせるやつは、そうなるまでにクソほどすべっている。どこでも盛り上げられるようになるまでに場数を踏んでおり、多大な失敗があるはずだ。そういうやつは次のステージに挑戦し、次のステージの下位からのしあがるためにすべり続けることを恐れない。「友達5人の前ですべるくらいどうでもいいな」「クラス全員の前ですべるくらいどうでもいいな」「全校生徒でもまぁいいか」と思えるほど段階的に失敗をやらかしたうえで能力を磨いている。

と、考えると世の中にいる〝カースト上位〟でいばってるやつって甘えてるよな。下位になる場所に行かずにぬくぬくしてるんだろ。

※ニキが所属しているグループ「女子研究大学」の略。

上り詰めたら次のステージを下位からやれてこそだろ。
失敗を怖がって次のステージに行かないのはダサい。

まず、失敗は面白い。すべったとき、その目撃者が多ければ多いほどおいしい。つらいのはその瞬間だけで、その後は面白エピソードに大化けする。みんなも「俺、全校生徒の前ですべったんだよねw」って話聞きたいでしょ？　俺は聞きたい。ウケた話より絶対面白い。

さらに、失敗することによって「今の間は失敗なんだ」とか、「100％で振り切ればよかった」とか、経験値が上がり、挑めるステージも大きくなっていく。

俺は友達グループ→クラス→高校→大学→ＹｏｕＴｕｂｅ、と規模を広げているが、それぞれで失敗しまくって今の状態になっている。次のステージに上がって、すべりまくりながら、下からのし上がる。そうやってレベルアップし続けて、人は成長するんだ。俺から見たら「スクールカースト上位？　まだそこにいるの？」としか思えんけどな。下に飛び込んで頑張ってるやつのほうがよっぽどカッコいいだろ。

第2章

変な出会いもあれば 素敵な出会いもある

8 person

尊敬している人

尊敬している人。それは、しろせんせーです！　念のために紹介すると、しろせんせーは俺と一緒に「女子研究大学」というグループで活動している配信者だ。

しろせんせーへの尊敬ポイントは、頭の回転と知識量。早稲田大学卒という高学歴だからなのか、半端ない！　ずっとすごい、マジでパーティー組んでよかった。

俺は『荒野行動』で野良のプレイヤーとの絡みを配信するところからスタートしたYouTuberだ。そして、しろせんせーも似たような配信をしていた。しかも俺より先に！　俺は王子キャラだが、しろせんせーは海外キャラ。やってる企画の属性は一緒だ。

初めてしろせんせーを見たのはTikTok。トークもキレもすごいやつが、俺と同じゲームで、俺と同じような企画をやっている！　興奮した俺は、爆速でしろせんせーをフォローしに行った。「俺以外にも天才はいるんだな」「パーティー組むなら絶対こいつだ」って。

爆速で仲良くなりに行ったが、俺の〝爆速〟は一味違う。待つのだ。フォローを返されるのを待つ。俺は帝王になりたいんだ。DMを送って「返事をください」というのは、覇道じゃない。

当時はしろせんせーの登録者数が5~10万人、俺が2万人。格上のしろせんせーが「こいつにフォロー返そう」と思ってくれるよう、自分を磨く。フォロー返しの理由は登録者数かもしれないし、俺の能力かもしれない。とにかくどうにかして目に留まり、対等な立場でコラボをお願いできる日を目指す。そうなって初めて、DMを送る権利がある……というのが俺の持論。

そしてなんと！　しろせんせーからフォローが返ってきただけでなく、DMが届いた。やっと見つけたか、俺のことを。そう思いながらDMを開いた。

初めまして。しろせんせーと申します。
動画を拝見したのですが、めちゃくちゃ面白いですね！
もしよろしければ一度、コラボしませんか？

「こちらこそよろしくお願いします！」

ガッツポーズの後、そう返信した。

初めてコラボしたときは、初対面のぎこちなさはあるものの、動画は面白くなり最高。そしてしろせんせーは今まで出会ったことがない人だった。俺の友達はカラっと元気なやつが多いので、ねっちょりした面白さのしろせんせーは新鮮だった。

しろせんせーは、笑いに知識を入れてくるところがカッコいい。そして、知識があるからなんでも突っ込んでくれる。俺が知っている知識はだいたい頭に入っているのだろう。しろせんせーがいると、どんなボケにでもチャレンジできる。拾ってもらえるから。しかも速いスピードで。引き出しが多いうえに、開ける速さがヤバい。

マジでやりやすい。しろせんせーと俺、出会う前に同じような企画をやっていたのは、運命じゃね？って思っている。

※ここから女研メンバーの紹介が各5Pずつありますが、しろせんせーだけ4Pしかご用意できませんでした。出版社さんから「1P追加で書いてください」と言われたけど、こいつに追加の長所はないので以上にします。……あ、ひとつだけ長所ありますね。今思いつきました。彼の長所は、この扱いでいいところです。

以上

9 person

能力の数値を努力で覆している人

はっきり言って、最初は全然面白くないやつだと思っていた。

動画の編集もそんなに得意そうじゃなくて、こいつと一緒に活動するなんて考えてもみなかった。

なのに、努力に努力を重ねた結果、俺よりもすごいスピードで伸びていき、最高の仲間になってくれたやつがいる。

俺が所属している「女子研究大学」にいる白髪のガキ、りぃちょ。

最初の印象は、イケボで売ってる配信者。失礼すぎるが、俺はりぃちょを正直なめていた。俺の物差しで測ると、「面白い」で魅せる配信者じゃなかった。

持って生まれたものだけじゃねえか。それくらいに思っていた気がする。

まだ会ったことがなかったりぃちょに「面白いｗ」とコメントされたとき、「どの立場で言ってんの？」と腹を立てた記憶がある。当時はまだ動画を始めたてで、俺しか面白くないと尖り散らかしていた時期だったせいもあるかな。まぁ、今でも俺がいちばんだ！とは思ってるけどね。

「どの立場で？」というナイフを隠したままりぃちょに初対面したのが、荒野行動の大会だった。ボイスチャットをしながら、エンタメプレイするタイプの大会で、りぃちょは敵だった。

そこから俺たちは頻繁に話すようになる。
結論から言うと、俺はりぃちょを好きになったし、すごいと思うようになった。その理由は努力量。とにかく活動への意欲が高かった。俺はガッツとハングリー精神があるやつを大好きになってしまう習性がある。頑張ってる人、大好き。

当時、俺はPCで、ショート動画も5時間かけて編集。動画を観てもらえればわかると思うが、俺の動画の編集量ははっきり言ってやや異常だ。テンポと面白さを上げるため、細切れに切りまくってつなげまくっている。作業量がレベチ。
そしてりぃちょはというと、スマホで撮影も編集もしていたレベル。そんなりぃちょが俺に言ったのだ。

「ニキニキ編集、教えてよ」

ほう。君もこの編集をするというのかね。ついてこれるか？

そう思ったが、教えたら食らいついてきた。今まで使っていたアプリを捨てて、パソコンのソフトで、細かい編集を学び、覚えたのだ。

正直めちゃくちゃ大変だったと思う。当時のりぃちょは、寝る以外はずっと編集していた。Ｄｉｓｃｏｒｄでずっとつながっていたけど、ずっとオンラインだったな。

そして、会って2年の時が過ぎ、俺とりぃちょは時を同じくして、荒野行動からＡＰＥＸに戦場を移す。「どっちが先に動画が伸びるか勝負な！」とは言ったけれど、俺は勝つ気満々。

普通に負けた。

先にダーンとりぃちょが驚異的に伸びた。

俺が、なんでもないやつだと思っていた相手が、編集を身につけて、いつのまにかしゃべりも得意になって、俺より伸びていく。

マジで悔しかった。ちょうどそのとき、俺は動画がどんどん過激になっていき、TikTokに上げていた動画が消されたりしていた伸び悩みの時期。動画が一度消されると、次の動画が伸びづらくなる。じゃあ伸ばすためにもっと過激に……と悪循環に陥り、実はガチ病みしていた。大学も辞めていて、来月食っていく金がない。精神的負荷が半端なかった。


初めてできた配信者友達、りぃちょ。俺はりぃちょに負けたくない一心で、あの病み期を踏ん張れたような気がする。あのときのりぃちょはすごかった。人間の成長率ってどこまでも上がるんだな。

その後、友達として裏でゲームしながらしゃべっているのがあまりに面白いから、そのまま動画にするようになった。そこから始まって進んでいった先が今の俺たち。

りぃちょの尋常じゃない努力量は、俺を奮い立たせてくれる。

10 person

おでこが擦り切れるまで土下座した人

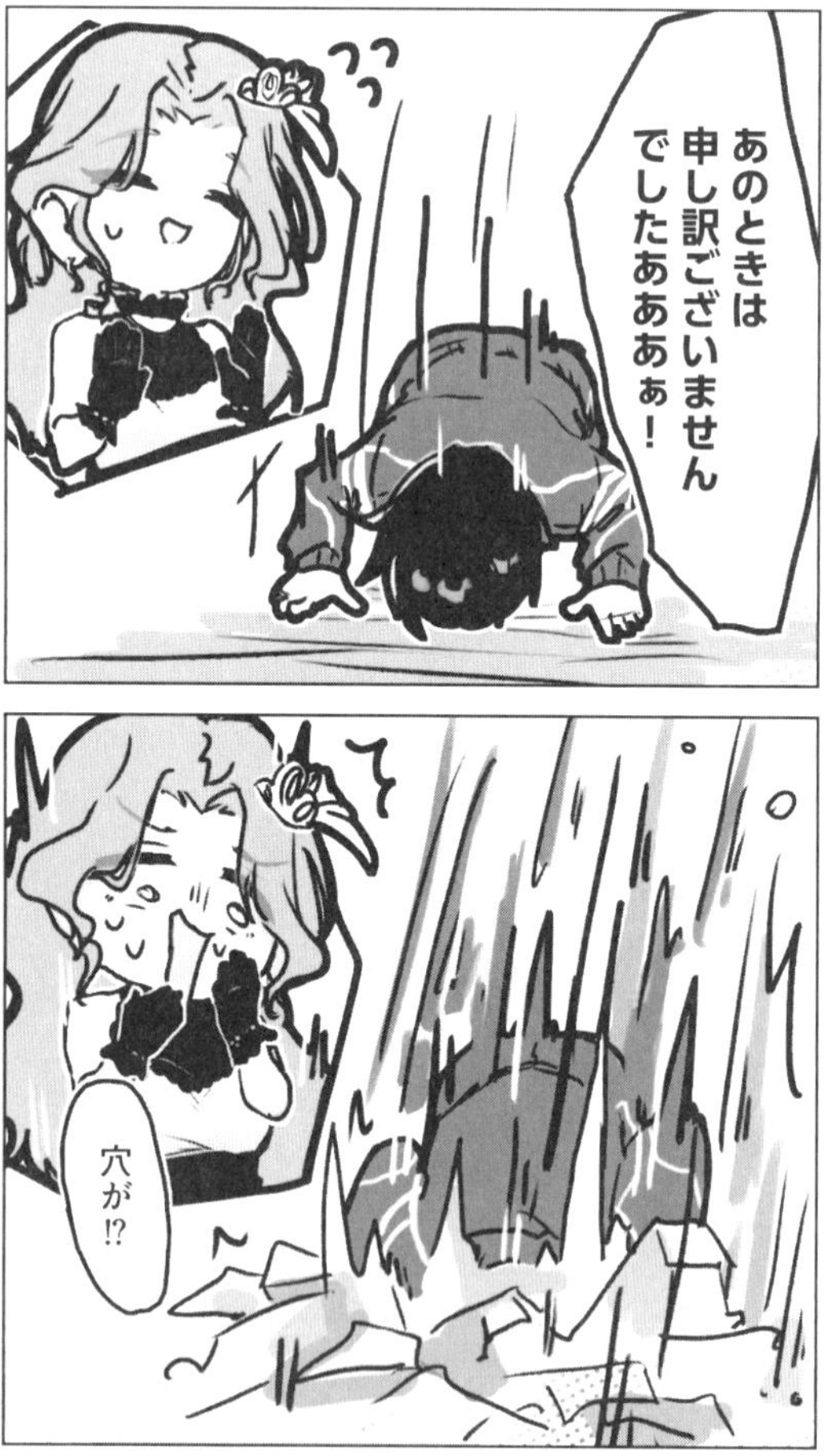
あのときは申し訳ございませんでしたあああぁ！
穴が⁉

俺は、この世の全てをコンテンツにできると思っている。今やっているグループ、女子研究大学の活動も、もともと配信外で仲がよかったみんなと「仲良くゲームしてるこの様子を配信したらコンテンツになるんじゃゃね？」とスタートしたもの。**この世の全てはエンターテインメント。**名言。ここ太字にしてほしい。

もとから仲のいい女研メンバーの中で、初対面のとき、俺のせいであんなに空気が最悪だったのに、なぜこんなに仲良くなれているんだ？　もしかしてめっちゃ気が合うんじゃないか？と思っているメンバーがいる。

それは18号だ。

出会い方は最悪だった。なんと初対面からドッキリ。俺、りぃちょ、しろせんせーの3人で、18号にドッキリを仕掛けたのだ。最悪の体当たり企画だった。俺としろせんせーがりぃちょを操り、何も知らない18号に対してガチでおもんないことをさせたり、性格の悪いことを言わせたり。18号はただコラボをしていると思っているのに、最悪の振る舞いをさせて、りぃちょが嫌がられる企画。

撮影中の空気の最悪ぶりは、人生TOP3に入ると言える。何をしたかここでは詳しく言わないことにする。気になる人はしろせんせーのYouTubeチャンネルのアーカイブから「女性実況者と遊ぶ後輩を裏で遠隔操作したら地獄になったwwwww」を観てくれ。

本来こういうドッキリは、相手にずっといてもらわないと成り立たない。しかし、18号は途中でボイスチャットをミュートにしてしまった。

その後ちゃんと帰ってきてくれて、動画が成立して世に出たけれど、あれは18号が本当にしっかりした大人だったおかげ。動画は編集でなんとかごまかしているだけで、空気は最悪。あんな中やりきってくれた18号に対して種明かしをするとき、俺としろせんせーは申し訳ないという思いしかなかった。めちゃくちゃ謝った。

当然そんなことするやつらのコミュニティに18号が加わってくれるわけもなく、その後プライベートで接触する機会はなかった。

しかし、それから3か月。たまたまプライベートで俺たちがわちゃわちゃしているところに、18号が間違えて入ってきた。すぐ退室しようとする18号を、「待って待って！　帰んないで！」と引き止め、マジでひたすら謝った。

俺はとにかく謝る。自分が悪いと2秒で謝るし、許してくれるまで謝るし、あの手この手で許されようとするし、おでこが擦り切れるまで地面に頭を擦り付ける。その勢いで18号に謝罪し倒した。

思ったより許してくれたらしく、18号が俺らのコミュニティにしょっちゅう入ってくれるようになった。ちょうどその頃、女子研究大学でラジオを始めたくらい。まだ加入していなかった18号を置いて、「ちょっと撮ってくる」と退出することになったときに、「いや、一緒に来たらいいんじゃね？」となったのが、18号加入のきっかけだ。全てはエンターテインメントになるから。

加入までを遡ると、18号に隠れた狂気を感じる。だって、そんなひどいことをした相手と組む⁉　マジで嫌だったら関わらないよね？　一緒に活動してくれているということは、俺らといて多少は居心地がいいってこと。隠れた狂気か同じ魂を持っていないと無理な気がする。

18号はしっかり者だけどおっちょこちょいで、そのバランスが最強だ。こっちの意図を汲み取ってうまく場を回してくれるし、いじりワードもキレッキレ。だけど本人の雰囲気はぽわーんとしている。そのギャップがいい。斬られたことに気づかないまま、真っ二つにされてしまう。

普段はすごく配慮してくれているのに、いきなり見境がなくなってしまうところも面白い。女研にはなくてはならない存在。

あの出会いから、この形になれて本当によかった。よく巻き返して加入してもらえたよな、としみじみ思う。逆に、あそこから巻き返せたってことは、俺らと18号ってよっぽど気が合っているんじゃないか?と感じているのだ。

11 person

空振り三振するけどホームランも打ちまくる人

「俺の動画には、声真似じゃなくてキャメロンとして出てよ」

キャメロンを誘ったときの俺のセリフ。これは俺の誇りになっている。言える日が来て嬉しい。

当時のキャメロンは、声真似をする配信者。『ONE PIECE』のゾロの声真似で情けないことを言う、みたいな配信で人気を博していた。

もちろんそれもすごく面白かった。けど、声真似は元ネタになるコンテンツを知らなければ楽しめない。でも俺は、キャメのトーク自体が面白いし、声真似をせずに同じトークをしても絶対に面白いはずとほぼ確信していた。元のキャラとハズしたことを言って楽しませる手法。声真似を使わずとも、その技術でキャメ自体が面白い存在になれるはずだと。

予想通りにキャメの才能はどんどん開花していった。やっていることはハズしボケで同じ。でも他のキャラクターを借りずにやっているから、本人自体のみに惹かれてたくさんの人がやってくる。俺、ナイス！　見る目ある！

キャメ本人から、「あの一言で俺は変われた」と言ってもらえたこともある。もちろんキャメが活躍してるのはキャメの能力が最強で、努力した結果。でも、少しだけでも、俺の言葉が役に立っているかもしれない。きっかけのひとつになったのかもしれない。そう考えると、なんとも言えない気持ちになる。いやなんとも言えるな。ただただ嬉しい。仲間の成長の役に立ったとかクソ嬉しくない？　俺、いいやつだから、マジで。この話ができて本当に誇らしいです！！！　自慢！

キャメロンはホームランバッターだ。空振り三振くらいにすべることもあるけれど、そのぶんデカい一発を打ってくれる。俺やしろせんせーはヒットを量産するタイプ。空振り三振をしないよう気をつける代わりに、特大ホームランは少なめ。

バッターボックスに立って全力でバットを振ってくれる。グループ活動をするうえで、「振ってくれる」ことへ安心感がある存在はありがたい。怖がって振らない人間は、ホームランを打てない。

三振したって、こっちがいじれば面白いしね。

特大ホームランには「事故」の要素が必要。面白につながる事故を起こすには、意図しないズレがあることがいちばん重要。狙ってやるのはかなり難しい。ちょっと抜けてて天然な笑いに本人の技術が乗って、ホームランが「特大」になるのだ。空振りしないようにするバランス型には真似できない。

そして、全力でバットを振り、偶然の特大ホームランを放ってくれるのに、単純な天然じゃないところがキャメのすごいところだ。キャメは計算もできる。まずキャメは、みんなで会話しているときに、ぽっと出てくるコメントが面白い。声真似のときに鍛えたのかもしれない。さりげない一言が面白いのは強い。

そして、他の誰かが主役になっているときに、ガヤを飛ばすのも上手い。スポットライトが自分に当たっていても、当たっていなくても面白い。どの役割にいても面白いのはすごい。

キャメみたいに「味があるキャラ」にはどうやっても俺はなれないんだろうな。

俺は技術を頑張って習得してなんとか頑張っている人間だから、「狙わずに出てきた面白さ」を生み出すことはできない。計算で生み出すことしかできない。

キャメと俺とでは、生まれ持った性質が違う。俺は自分の安定型な性質もいいと思っているけど、4番打者も相手を立てることもできるキャメもいい。

そんなキャメと笑いのツボが合っているのもまた、ありがたい！

12 person

人生で出会った最大の変人

様子がおかしい。様子がおかしいんだ。そいつとは、テレビ番組の撮影で一緒になった。そこにいるのは全員配信者で、顔出しをしている人は少ない。「よろしくお願いしまーす！」とあいさつはするものの、名乗らなければ誰が誰だかわからない。そんな状況の楽屋に、そいつはいちばん遅れて入ってきた。キョロキョロしていて、姿勢も悪い。本当に変なやつが来た。その次に俺の頭に思い浮かんだのはこれだった。

「こいつがキルシュトルテじゃありませんように」

説明しておくと、キルシュトルテとは配信者友達。フルネームはシュヴァルツヴェルダー・キルシュトルテという。現在、YouTube登録者数約40万人のVTuberである。女研メンバーと一緒にコラボ動画をよく撮っている。知り合いではあったが、このテレビ番組撮影で初めて対面することになった。

「うぃー」

変なやつの喉から出てきた声は、ボイスチャットでよく聞くキルシュトルテのそれだった。うわ、やっぱりお前か。嫌な予感が的中した。初対面、しかも言葉を発するまでの間に変なやつだと思わせるの、すごすぎるでしょ。

キルちゃんの変なところは挙動だけではない。それくらいじゃ、俺の人生に「いちばん変なやつ」と名を刻めない。

まっっっっじで中身も変なのである。その変さをここで語らせてください。

まず、あいつの辞書には「気を遣う」という文字がない。飲食店に入って、開口一番「うっわ、装飾変だね」とか言ってくるし、みんなでゲームをする約束をしていたのにグループに入ってきて「やっぱ眠いから寝ていい？」なんて言ってくる。

ここまでだとただのヤバいやつ。キルちゃんの怖いところは、それで嫌われないところだ。ギリギリの綱渡りが上手すぎる。おそらくだけど、彼は空気が読めるうえで、空気を読まないことを選択している。一応空気がわかっているからこそ、嫌われないように立ち振る舞えるのだろう。

気遣いが全くできない人は、無神経な一言を何も考えずにストレートに言ってしまう。でもキルちゃんは「ねえ本当にごめん」と言うなどして、今から空気読んでないことを言います、というワンクッションを挟んでいる。多分これがデカい。「この店メシマズくね⁉」と、「ごめん、この店メシマズくね？」では全然違うのだ。この細やかなワンクッションで自分の好感度をいい感じにしていると俺は読んでいる。不快に思わせない技術。

気を遣うタイプだと、注意したほうがいい場面で何も言い出せないこともある。例えば動画で会話がうまく行かなかったとき、何も言わずにスルーして、編集になってから困ったり。でもキルちゃんはそういうとき、「待って俺今全然おもんないかも」みたいなことを言い出して、撮影を一回止めてくれる。みんなが言えないことを言ってくれるからありがたい存在でもあるのだ。

ここまで読むと、「そんなに変か？」と思うかもしれないが、変。

だって、金玉普通に出すもんあいつ。プライベートで遊んでいたときに、突然金玉を出した。

彼の変ぶりはもうこれだけで伝わるだろう。いきなり金玉を出す男、キルシュトルテ。突然出したのに笑えたから、きっとこれも空気を読んで出したに違いない。「空気を読んで金玉を出す」。みなさん、二度と出会わない文章だと思うので、何度も読み返してくださいね。

そう、キルちゃんは変だけど、嫌われない。むしろ好かれている。多分彼は「人生でいちばん変なやつ止まりでいる能力」がハンパない。

13 person

やり方がカッコ悪い人

俺は、俺が思う〝カッコいい〟人間でありたい。そう思って生きている。どんな人間がカッコいいのか、ということはここまでにたくさん書いてきた。じゃあ俺が「やり方カッコ悪っ！」と思うのはどんなやつなのか。

これは明確に言語化できる。

まず、他人の力を借りてどうにかしようとするやつ。しろせんせーの話のときにも言ったけど、俺は「相手と同じくらいの力をつけてからコラボをお願いする」と決めている。コラボ相手頼みなのは、ダサいから。

しかし、そうじゃないやつがこの世にはたくさんいる。自分のコンテンツが何もないのに「コラボしましょうよ！」みたいなやつ。登録者数で人を見る気はさらさらないが、一発くらい自分で何か打ち上げてからじゃないか？とは思ってしまう。いや、数字はどうでもいい。コラボ相手が「こいつおもしれえ！」「一緒にやりたい！」と思えるような何かを持ってないとダサくない？って話。俺だったら、カッコ悪すぎて無理だね。

自分だけじゃどうにもならないから、人の手を借りようっていうのが見え見えな人はやっぱり残念。俺は自力で頑張ってるやつが好きだし、自分はずっとそうでありたい。だって覇気感じなくね？　「俺の力でやってやる」みたいな感じがないやつとはあんまり組みたくねえなっていうのが本音です。

あとはマウント取るやつね。50万人登録を超えた今は、わかりやすいマウントは取られなくなった。だってそういうことするやつって数字に弱いからさ。50万人いるとマウント取ってこれないんだよね。それもカッコ悪くね？

でも昔は結構あった。登録者数マウントもあれば、事務所に所属してるマウントもある。俺はずっと事務所に所属してないからね。デカい事務所に所属してるやつから「あいつとは関わんないほうがよくねｗ　フリーだしｗ」って扱いを受けるなんてザラ。最悪なパターンだと「俺は事務所の力でこの人とコラボしたぞ！」ってマウント取ってくるやつまでいるからな。無理人間すぎるだろ。

でもそいつら全員伸びてない！　もれなく伸びてない！　どうやら伸びないやつしか言わないっぽいですね。だって俺より大きいチャンネルのＹｏｕＴｕｂｅｒ

からはマウントを取られた記憶がない。器が違うんだろうな。

俺にマウント取れる実績があるやつは、マウント取ってこない。しょうもないやつほどマウント大好き人間。ていうか、性格的に臭いやつが上り詰めることなんてできないんじゃね？　マウント取るやつは全員雑魚です。

俺も、自分の器をデカくするためにも、絶対にマウントは取りませんよ！　笑いを取れる冗談ならやるけどね。


そして最後！　もうひとつの俺の苦手なタイプは「お気持ち表明するＹｏｕＴｕｂｅｒ」。

特に「今のＹｏｕＴｕｂｅｒは大変で……！」「こうやって努力するとチャンネルが伸びる」とか、独自の論を展開するやつ。これはもう俺の単純な好みかもしれないが、気持ち悪いと思ってしまう。自分が頑張るのなんか勝手なんだから、「今のＹｏｕＴｕｂｅｒ」とか主語をデカくして俺を巻き込まないでほしい。あと、そんなことＳＮＳで言っちゃうのか……というダサさがある。

そして、こういうタイプは登録者数3万人くらいまでの人が多いイメージがある。はっきり言おう。3万人くらい、運だけで伸びるやつもめちゃくちゃいる。それなのに「俺は3万人もいる」と思ってしまうって、そいつの活動はそこで頭打ちなんじゃないか？　野心が足りなくね？

あとお気持ち表明ＹｏｕＴｕｂｅｒは「自分のファンは自分をどう応援すべきか」みたいなことも言い出す。あれも意味わからん。応援の仕方なんかどれでも嬉しくね？　コメントで他の配信者の名前出すなとか、何ルールですか？　俺は、俺のことを好きでいてくれるなら正直なんでもいい。長文でお気持ち表明してくれても全然読むし、鳩行為だって俺のとこに来るぶんには余裕。じゃんじゃんして。その代わり応援して。

ここまで読んで「お前も本でごちゃごちゃ言ってるやん」って揚げ足取るやつが絶対に出るだろうと確信している。言っとくけど、これはこの本を作る中で、編集さんからリクエストがあったから書いているだけ。完全自発の語りではない。

「悔しかったら、エッセイ本依頼されて書け」って、カッコよく言い返してやるよ。

14 person

周りにバフをかける人

すげぇ…
今ならなんでも
ウケる気がする
ももっとバフを…
弐十のバフをくれ…
NIKI
NIKI

動画を面白くしてくれる存在には、いろいろな種類がいる。三振もするけどホームランを打つ天然、計算が得意なヒット量産タイプ、流れに乗っかってボソッと面白いボケを差し込む天才、何をやっても面白くいじられてくれるやつ……。

そんな中でめちゃくちゃありがたい存在が、「しっかりと流れを整理してくれる人」だ。みんなが会話している中で、「ここが笑いどころですよ」というのをわかりやすく示して、コントロールしてくれる。

「えっ、◯◯なんだ?」と聞き返してそのパートを分厚くしてくれて、自ら人声で笑い、「ここですよ」のサインを入れてくれるのだ。そんな人が一人いると、動画が面白くなりやすいだけでなく、編集もやりやすい。その動画の面白ポイントをくっきりさせてくれる。

ホームランやヒットを飛ばすわけではないので、活躍が目立ちづらいところもある。しかし、能力はめちゃくちゃ高い。見る側も気持ちよく観れるし、何よりやってる側が「今のここ、面白いんだ!」と撮影中に実感できることで、どんどん気分が乗っていく。

俺の知り合いの中で、それをやってくれるのがＶＴｕｂｅｒの弐十。

頭の回転が速いから、「ここを切り取って面白くしよう」という判断が早い。しかもさらりとやってくれるから、動画の流れもとても自然。存在がありがたすぎる。デカすぎる。

編集や台本ではなく、事故でもなく、自分でコントロールしながら撮影中にアドリブで動画を面白くする能力。はっきり言ってヤバくない？

そんなコントロール力が発揮されているのが弐十ちゃんのライブ配信だ。リスナーさんとの生のやりとりがめちゃくちゃ上手い。登録者数３万人で、同時接続数５００人。配信者じゃないとわからないかもしれないが、これはバケモンの数字だ。登録者数50万人超えの俺ですら、タイミングによっては５００ということがある。３万人で５００は、よほどしゃべりが上手くないと到達できないと思う。通常は１００人いけばかなりいいほう、というのが同接者数の相場だ。

平場のしゃべりが本当に上手くて、リスナーも安心して観られるから、集まるんだろうな。

一緒に生配信をやったことがあるけど、ほんっっとうに上手かった。変な球も全部拾ってくれる。どんな体勢からでもアタックしやすいトスを上げられるセッター。絶対に変な間が生まれない。

そう、弐十ちゃんは、一緒にいるメンバー全てにバフ※をかけてくれるのだ。「自分が！　自分が！」とならずに、周りを活かしてくれる。

俺も、バフをかけられる能力も手に入れたい。弐十ちゃんをじっくり見習っていきたいなと思う。

※キャラクターや装備の能力を一時的に強化する効果を指します。

COLUMN FIVE

[COLUMN FIVE]

2秒で謝る覚悟でいじれ

俺はよく人をいじる。他人とコミュニケーションをするうえで、一挙に距離を縮め、場を面白くしてくれるのが〝いじり〟。しかし、こいつは諸刃の剣だ。いじりは、完全にプラスのみのコミュニケーション術とは言えない。失敗すると一瞬で壁を作られ、場の空気を取り返し不可能な状態にしてしまうこともある。このことをしっかりと頭に叩き込んでおかないと、ただのウザいやつだ。

では、いじりをプラスのコミュニケーションにするためには、何が必要なのか。
それは、「ボーダーラインの見極め」である。

相手はどの程度のいじりまでならOKなのか、不快にならないのか、というライン。いじられると喜んで乗ってくる人もいれば、傷ついてしまう人や不快に思う人もいる。こちら側のテクニックでどうにかなる問題ではなく、100%相手の性格に合わせないといけないところだ。

また、このボーダーラインはいじりのテーマでも変わってくる。相手がプライドを持ってやっていることをいじれば不快にさせやすいだろうし、どうでもいいと考えていることはいじってＯＫになりやすい。仲のよさでもラインは変わる。
そういう全てのことを加味して「いじってその場のみんなが楽しくなるかどうか」を見極める必要がある。自分、相手、それを聞く人、みんなが楽しめなければいじりは面白として成立しないからだ。

見極め方としては、段階を踏んでいじりを強くしていき、どこまでなら行けそうかを測っていくのがいいと思う。Ｌｖ1のいじりが受け入れられたらＬｖ2へ……Ｌｖ3へ……とステップアップさせて行くことで、相手の許容範囲を測る。ちょっとでも嫌そうな感じがあれば、ステップアップさせない、またはレベルダウンさせるようにする。

「ゲームでミスった人に対するツッコミ」を例にして、どんな感じでレベルアップさせていくかをあげていく。

Ｌｖ1 ―軽くジャブを打つ 「今日調子悪いっすか？」

相手がほぼ絶対不機嫌にならないような、軽いいじり方をする。本人の技術には問題がない前提の、逃げ道のあるいじりで様子見。反応が悪ければそこでやめるし、笑って返してくれるなら次のステップに進む。

Lv2 ー 軽く煽りを入れる「目つぶってます？」

逃げ道はあるけど、少し煽りを入れた形。相手が「つぶってねえよっ」とツッコミの形で返してくれれば成功。ポイントは、もし嫌そうにされたら、「すみません、場を和ませようと思っていじっちゃいました、言い方悪かったですね」などと、すぐ素直に丁寧に謝ることが大事。

ーーーーーーーーーーー友達の壁ーーーーーーーーーーー

Lv3 ー ちょっと失礼なことを言う「ゲーム初めてですか？」

ここからは友達になってからステップアップ。わざとらしく煽る。暗に「下手だな」ということも伝わるような言い方にする。場が楽しくなるには相手のツッコミスキルも求められるので、返せそうな人にしか使わない。

Ｌｖ４ー ストレートにディスる 「脳筋すぎる」「金魚かお前」

シンプルなディスり。これは基本的には使わないほうがよいが、とても仲のよい友達でノリが通じ合っているならＯＫ。俺は女研の仲間やよくコラボする相手にだけ使う。

不快感を与えずにディスれるかどうかがポイント。もし相手が本気でへこんでいたら、追撃はせずに謝罪。Ｌｖ３までＯＫだったなら軽いジョークで雰囲気を和らげる。そして二度とＬｖ４はやらない。

初対面の人はＬｖ２までで様子見、仲良くなってきたらＬｖ３、Ｌｖ４を試すパターンが多い。重要なのは、試したあとに相手をしっかり見ること。異変を察知すること。これができなければ、レベルアップさせていくことは難しい。

そして最も重要なポイントは、「ハズしたら即謝る」ということである。もし場の雰囲気や相手の気分がちょっとでも悪くなりそうな気配を察知したら、自分の非が100%であると認めて、即謝る。指摘そのもの全てが間違いでしたというスタンスで謝る。

「俺がすべったみたいじゃん」「ノリ悪いな〜」は論外。言った瞬間終わり。相手のせいじゃなくてお前のせい。この言葉を使っている人がもしいたら、忠告します。あなたのいじりは失敗しています。丁寧なフォローができないやつは、必ず失敗します。いじりではなく、単独ボケに変更するべきです。

そう、ここまで読んで「察知もフォローもめんどくせえ！」「なんで謝らなきゃいけないの？」と少しでも思ったのならば、いじるのはやめておくのが懸命だ。おもんないいじりより、おもんないボケのほうが罪が軽い。傷つくのは自分だけだから。

読みをミスったら2秒で謝る。その覚悟のないやつは、今すぐいじりは諦めて、おもんない単独ボケをやり続けてください。

COLUMN SIX

[COLUMN SIX]

人によって態度を変えろ

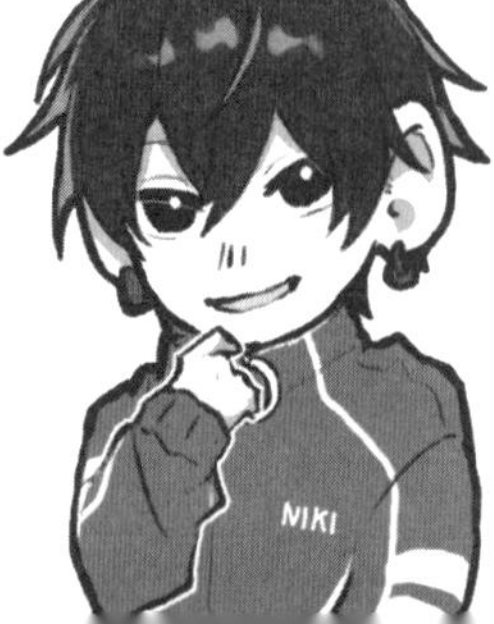

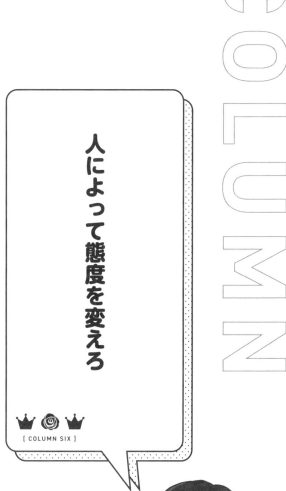

人によって態度を変えろ

「人によって態度を変える」ことは悪い扱いをされがち。俺としては不思議だ。相手を見て態度を変えるのは大事だろ。上司と息子に同じ態度で接するやつはいないし、自分のファンとそうじゃない人への対応は違う。

人によって態度を変えることは、相手をよく見ている証拠。この人は俺のこの部分が好きだからもっと出していこうとか、許してもらえるから強めにツッコもうとか、相手の得手不得手や性格、関係性によって態度を変えることは正しい。

ちなみに「媚びる」はダメ。「態度を変える」との違いは、自分が思ってもないことを言うかどうか。相手をいい気持ちにさせたくて嘘をつくのは「媚びる」、媚びるを言い換えると、「ご機嫌取り」。相手の機嫌を取るために動くのは正しくない態度の変え方だ。本当のことだけ言うならば正しい「態度を変える」だと思っている。

さらに突き詰めると、「媚びる」は相手に好かれるための言動。「態度を変える」は場の雰囲気をいい感じにするための行動で、相手一人ではなく全体のためにやっているので、それが相手に響かなくてもOKと思える。こんな感じで俺は「媚びる」と「態度を変える」を別物扱いしている。

簡単でしょ。思ってないことを言わなければいいだけなんだから。

逆に、「思っていることは絶対に言わなければいけない」ではないのがポイントだ。嘘はだめだけど、隠すのはＯＫ。

つまり、初コラボでゲームをしている相手に、本当のことだからってわざわざ「下手ですね」と言わなくていいってこと！　雰囲気が悪くなりそうな本音は抑えて、本当に思っているポジティブ面だけを言う。

逆に、すげぇ仲いい相手だったら「下手ですね」って言っても全然いいんだけどね。むしろ盛り上がる。相手と自分の距離感に合わせて発言をコントロールするのなんて、人付き合いの基本中の基本だが？

礼儀正しく持ち上げることだけが「相手に合わせる」ではない、という話も当然の前提として覚えておいてほしい。特に相手が目上の場合はそうだ。

持ち上げて落とすから、相手が偉そうに見えない、感じがよく見える、というパターンも存在する。

そして、下剋上ボケは面白い。

例えば目上の人がすべったとき、「〇〇さん、登録者数が俺の5倍もいるの納得いかないっす！」というように、絶妙に上げと下げをまぜることで、上下関係のバランスがいい感じになり、話しやすくなることもある。これも「人によって態度を変える」からこそできること。逆に、自分と登録者数が同じくらいの相手がすべったとき、「○○くん、登録者数が俺と同じくらいなの納得いかないわ！」って言ったら感じ悪くない？「○○さん、なんで登録者数100万人もいるんすか!?」はボケになるけど、「○○くん、なんで登録者数1万人もいるの？」は悪口すぎる。

相手と自分の立ち位置を見ながら、みんなが楽しめる会話をする。それが「人によって態度を変える」だと、俺は思っている。間違ってなくね？

コミュニケーションは、相手との関係値によって決まるもの。

相手を見てさじ加減を変えている人に対して「行ける相手と行けない相手がいるの？」みたいな揚げ足取るやつがたまにいるけど、本当に意味がわからないと思っている。関係値だけじゃなく、相手のキャラもあるしさ。

「人によって態度変えてんじゃん」じゃねえよ。なめんな。

それがコミュ力なんだよ。

[COLUMN SEVEN]

不安なら表情や身振り手振りまで練習

人前で発表するのが苦手な人っていっぱいいるよね。そういう人たちに、俺のやり方を紹介したい。それは、「緊張しなくなるまで練習する」だ。努力量で緊張を抑え込めばいい。俺は人前に立つとき、絶対めちゃくちゃ練習する。不安があるまま人の前に立ちたくないから、不安が消えるまで練習する。

「不安がなくなるわけないじゃん!」という声が聞こえてきた気がするけど、甘い。不安はなくなる。どうすればなくなるか? それは全てを練習することだ。

例えば、人前で何かを発表するとき、壇上で何も持たずに暗記したことを言うのと、席に座ったまま原稿を見てただ読むだけでいいのとなら、前者のほうがはるかに緊張するはず。それはなぜか。不確定要素が多いから。

じゃあ、不確定要素をできるだけ減らせばいい。例えば何かの発表会があるとする。そのとき人は、「発表する内容(原稿)を正確に言う」部分だけ練習する。でもそれだと、不確定要素が多すぎる。そりゃ不安になるだろ、と思う。

俺は、アドリブっぽい一言、話すときの表情、そして手の動きなどの動作まで完全に決めて、全てをビタッとやれるようになるまでは練習を繰り返す。何をするか決まっていないところをとにかく減らすのだ。ここで笑う、ここで手を振り上げる、ここは真面目な顔……。そこまで動きが決まっていれば、かなり安心して本番に挑める。

俺は未だに人前に立つときは練習してるよ。何もせずに余裕なんてよっぽどの才能や経験がないと無理。みんな完璧になるまで俺と一緒に練習しよ。

「でもミスるかもしれないじゃん！」。そのとおり。だから、ミスったときの対応も決めておけば完璧。失敗のパターンを予想して、そのカバーも決めておく。

例えばよくあるのが、①②③④の順番で話すべきだったのに、①②④③の順で話してしまった、③をとばしてしまった、などの発表内容順番ミス。

こういうときは取り繕うと、整合性をもたせようとしてどんどん深みにハマる。スパッとミスを認めたほうがやりやすいし、なんなら場も和む。

「失礼しました、今めちゃくちゃ飛ばしました」「今の話わからない方多かったでしょう？　俺もです」みたいなのがおすすめ。

考えてきたミスのパターン外のものにも対応できる言葉も考えておくとさらにいい。人前の発表で全てのミスに使えるワードは「人前なので緊張してしまいました」かな。もし自分が聞く側だったら、ミスのあとそう言ってる人がいたらクスッとくるし「わかるぞ！」と応援したくなるよね。だから自分の失敗でも、聴いている人にそうなってもらおう。くだけてもOKなら「人が多いんだもん！　緊張するよ！」なんて言っても、愛嬌があっていいかもしれない。

それでも不安なら、人前に出たらすぐ一発目に「緊張しています！」って緊張ボイスで言っちゃえ。それで場の空気持っていけるぞ。

言葉だけじゃなく表情や動作など準備万端すぎるところまで練習し、さらにフォローの言葉をお守りとして練習しておく。「失敗したらこれを言う！」まで決まっていれば、失敗の対応を考える必要がない。

緊張に効く薬は
・徹底的な準備
・練習
・努力
心配すんな、誰でも緊張はする。

COLUMN EIGHT

「断られたらどうしよう」って結果を予測できないなら誘うな

[COLUMN EIGHT]

「断られたらどうしよう」と思う相手は誘うな。以上。

なぜなら、人というのは「誘われたら断りませんよ」または「誘わないでくださいね」のオーラを誘われる前から出しているものだから。LINEやDMをしてみたら、自分に興味あるかどうか、誘ったら来てくれそうかというのは感触でわかる。わからないなら、あなたがクリアできるクエストではないということです。

逆に、「誘ってよさそうだな」と感じるなら誘ってOKだということ。遠慮せずに誘ってみて。そう感じるなら相手も「誘ってくれたら行く！」って思ってるよ。

そして、どちらか判断がつかないときはたいていダメです。


まだ関係値がしっかりしていない相手を誘うのはあんまりおすすめできない。相手にとって最もやっかいなのは「断らなきゃいけない誘い」ではない。「断りたいのに断れない誘い」だ。そもそも断れる関係ならあんまり気にしなくていい。そういう相手なら断られても断っても関係は変わらないからだ。

その証拠に女研メンバーに「一緒に編集しようぜ！」って誘っても全然来ないよ。

……これって、いいことなのか？

COLUMN NINE

誘われたいなら
レア度を上げろ

[COLUMN NINE]

自分から誘ってばっかりだから、誘われたい。そういう悩みはたまに聞く。「押してダメなら引いてみろ、引いてダメならもうよくね？」というメッセージを、悩んでいる人たちに送りたい。

まず、「誘ってくれる人とは普通に会えてるので、相手はいちいち誘う必要がない」という自然の摂理がある。満たされてるのに、改めて誘ってくれることはあんまりないかもしれない。

なので、まずレア度を上げる。自分から誘わずに、会うこと自体をめずらしくする。そうすると「久々に遊びたいかも」と感じた人が誘ってくれるようになるはずだ。ゲームのアイテムとか敵とかでもそうでしょ。レア度が低いと、「いつでも手に入れられるしな」ってスルーするじゃん。

そんなことしたら、友達がいなくなっちゃうかもしれない……と心配になる人は、コミュニティが足りてない。所属コミュニティを増やそう。ひとつのコミュニティに頼っていると、そこにいない間は一人ぼっちになるし、そのコミュニティがなくなると孤独になってしまう……という恐怖から誘い続けることになる。

でも、コミュニティを増やせれば「こっちがダメならあっちに行けばいい」という気持ちになれて、余裕が生まれるはずだ。

さらに、この作戦を取ると自動的にレア度が高い人間になれてしまう。

どういうことか。例えばコミュニティがクラスの仲良しグループしかない人は、常にそこに顔を出すことになる。これじゃ〝いつでもいる人〟になってしまい、レア度は上がらん。じゃあクラスに加えて部活、バイト先、趣味の友達、地元の友達……とコミュニティが多ければどうですか？　単純に1コミュニティあたりに割ける時間が減る。例えば5コミュニティあったとして、それぞれと休みの日に遊ぼうとすると、平均して月に各1・6回。月に2回も遊べない計算になる。

そう、コミュニティが増えると勝手にレアな存在になれる！

レア度を上げてみて、自分から誘わないようにしよう。自分から誘わないと誘われなくなるようなところは「もうよくね？」で去ってしまおう。コミュニティが多ければ、他の場所に行けばいいだけだから、大丈夫。

第3章　謁見のお時間です

15 person

準備の量が違う人

ここまで準備しているのか……！

YouTube歴10年以上、登録者数150万人超えの大先輩にして超大物のゲーム配信者とコラボし、衝撃を受けた。俺を驚愕させたのは、マインクラフト動画で大活躍しているゲーム実況者のKUNさん。

一度、KUNさんとコラボしたことがある。そのとき、撮影前の打ち合わせで俺は圧倒された。打ち合わせが「嘘でしょ？」というくらい綿密だったから。

俺は割とアドリブで動画を撮るタイプ。企画会議はなんとなくの内容だけざっくり決めるためのもので、動画は撮影のその場で面白くするのだと思っていた。

でもKUNさんは全然違った。最初に企画の趣旨を決める。ここまでは一緒だ。そのあと「このメンバーでその企画をやったらどう転ぶか」を予想する。そして「そのときの面白い要素はこれ」「その笑いは別の◯◯をやっても起こる」「この方向に進んだら事故るから気をつけよう」と、その動画で起きうるルートを全て確認し、「こうすれば面白くなる！」をしっかり言語化する。ありえないくらい場合分けして準備をし、不確定要素を潰して、全員にゴールを提示し、そのために演者は何をしなければいけないかをロジカルに詰める。

彼の辞書には「適当」という文字がなかった。

綿密な会議を経た初めての動画。感想は「準備してたとおりになったわ」。撮影終了までの道筋は、びっくりするほど走りやすかった。「面白い」までの道が可視化されていたから。

何が面白いかわかれば、それと真逆のことをやらなければ問題ない。全体でゴールを共有できているので、連携を取りやすい。

衝撃だった。そりゃ150万人が登録するわって感じ。パイオニアとして切り開いただけじゃなくて、動画の作り方も入念だからこんなに人気なんだということを、改めて認識させられる出来事だった。KUNさんのファンって、ここまで準備してること知ってるのかな。

KUNさんの指揮官としての素晴らしさは、俺を成長させてくれた。

それから俺は、全体的な動画の流れを撮影前に考え、みんなと共有するようになったのだ。これは1年くらい前のことだけど、KUNさんは俺に大切なことを教えてくれたなと今でも思う。

何がすごいって、こんな綿密な準備をしているのに、KUNさんは動画を量産してるってこと。そもそも、YouTubeって企画そのものを考えるのが大変なんですよ。企画立てに時間を費やさないと、面白い動画は撮れない。なのに、企画を立てたあと、さらに企画を詰める時間もかなり取っている。計り知れない。KUNさんにはセンスもある。センスにロジカルに準備。全てが重なって面白さは最高値だ。

ちなみに俺は、ぶっつけ本番で動画を面白くするほうが得意。未だにそうだ。アドリブで面白くできるし、その場でなんとかいい感じにする天才だとは思っている。しかし、KUNさんの全然違う天才ぶりをなんとか真似して取り入れて、さらなる高みを目指したいのだ。

これからもいろんな人とコラボして、いろんな才能を取り入れたい。

16 person

なんらかのプロの人

自分より明らかにすごい人から褒められると、嬉しい。明らかにすごい人とはそう、プロだ。ありふれたこと言っちゃうけど、プロってマジですげえよ。

ゲームが上手くなりたいと思ったとき、俺はプロのプレイ動画を観る。さらっとやっているところを観て、「これ、俺もできんじゃね?」という感覚に陥ったこと、みなさんもありますよね。俺もよくあります。

でもまあ、できない。できないよね。

プロのすごいところは、「さらっとやる」ところだ。プロはさも当たり前のことのようにしているプレイなのに、自分でやってみると全然できないことなんてしょっちゅうだ。当たり前に見えているだけ。それは経験の差でもあり、技術の差でもある。

そして、その経験や技術とは、単純にキャラコンだけの話ではない。プロのすごさは「その一瞬で今の判断ができるんだ」「その駆け引きできるんだ」という反射神経や思考回路のすごさである。「このタイミングで仕掛けられたら嫌だな」のタイミングで絶対に仕掛けてくる。「なんで今!?」というときに仕掛けられたのに、それが実は絶妙なタイミングで、ボコボコにされることだってある。こっちが思いつかない心理戦を勝手にやられる。すごすぎる。

プロは、認識できない差を作るのがうますぎるんだ。プロとのＡＰＥＸで俺はそれを学んだ。自分が上達すればするほど、できねー！と差を感じるようになる。

しかも、プロは不利な対戦でも余裕で勝つ。「え、そこに一人で行ったら死ぬでしょ?」って見守ってたら、敵を壊滅させて帰ってくる。めちゃくちゃカッコよくない？　俺もこれやりたい。

先日、ありがたいことに、そんなプロたちと戦わせてもらう機会があった。ＡＰＥＸの大会に呼んでもらったのだ。そこで出会ったプロの方々は、ストレートに言うとレベチ。なんて言うんだろうな、ありえない。ありえないという言葉がしっくりくる。

正面から戦おうもんなら即ぶっ殺される。「俺と同じコントローラー使ってて、なんでその動きができる⁉」「どうやったらその可動域になる⁉」というバケモンじみたプレイスキルを持つ人々。それがプロ。当然、その大会で俺は即ぶっ殺され、ボッコボコという言葉も足りないくらいに敗北した。
背後を取るという、普通だったら絶対に勝てる挑み方をしたのに返り討ちにされてしまう。先にダメージを与えても、余裕で巻き返される。プロは尋常じゃない。

プロで思い出したが、野球少年だった中学時代に一度、いずれプロ野球選手になるやつと戦ったことがある。当時からかなり上手く、野球やってるやつはみんな彼のことを知っているバケモンだった。同じチームのエースなんて比べ物にならない。まず身体がデカい。それだけで圧が全く違う。パッと見ただけで「うわ！　デカくね⁉」と身構えてしまうほどのデカさ。存在感がすごい。

彼が打った球を外野で受ける機会が一回だけあった。
「次はあいつが打つぞ！」とみんなが身構え、全員後ろに下がって待った。そしてちょうど俺のほうに飛んできたのだ。

回転えっっっっぐ！！！！！

技術やっっっっぱ！！！！

一応捕れたが、めちゃくちゃキモい体勢の、ダサい感じで捕球。あまりにもダサかったが、それをいじる人はあまりいなかった。彼の打球がヤバいことをみんな知っていたから。知らなくても「回転がヤバいんだな」とわかったから。

捕れたというだけで、とんでもない功績だと思う。

あれも、どうやって打ったらボールにあんな回転がかかるか全くわからない。ここでも理解不能な差をつけられた。

プロになるってそういうことなんだろうな。目に見えてわかる差だけじゃなく、「どうやってんの⁉」という差をつけてくるのがプロ。

プロは、全員レベチ。

一段とばしでトークできる人

俺は今、ＹｏｕＴｕｂｅのチャンネルを開設して5年目。駆け出しの頃は、ワードセンスがずば抜けているＹｏｕＴｕｂｅｒの動画をひたすら観て、血肉にしようとしていた。いつか抜きたいと思っているので、その人たちの名前はあえてあげないでおく。

駆け出し時代の勉強中に気づいたのだが、頭の回転が速くてワードセンスが面白い人には共通点がある。

まずひとつ目。連想が異常なまでに速い。例えば「りんご」という言葉を聞いたとき、普通ならその瞬間は「赤い」「丸い」までしか行かないはずなのに、0・1秒で一気に「ニュートン」まで行っちゃう、みたいな。

例えばみなさんは、褒められたときどうしますか？ 「照れる」「謙遜する」「調子に乗る」あたりがすぐ思いつく反応じゃないかな。「褒められ」の隣にある、リンクしやすい反応はこの3つくらいだと思う。

でもすごい人は、隣りにある素材は使わない。「俺、褒め言葉食うバケモンなんで」みたいに、もっと距離があるところにあるアイデアや言葉を、すぐに持ってくる。

そう、とにかく頭の回転が速いのだ。人がひとつ隣に移っている間に、2つ先まで行ってたり。しかもその飛躍は、誰にとっても「言われてみれば連想できる」くらいの飛び方。そのバランスもすごい。30個先のものを言われても、一同が「？？」となって終わりだ。2つ先くらいがちょうどいい。トークを、みんなが理解できる範囲の「一段とばし」にする感覚。この技術と速さが段違いなのだ。

ワードセンスは連想と飛躍。ひとつの言葉から連想できる言葉の引き出しが多ければ多いほど、強くなれる。

そんなの日頃から言葉のことをしっかり考えてないと無理じゃない？　練習しないと無理じゃない？と感じたので、俺も日頃からこの訓練をしている。その内容については、またあとで詳しくコラムで！

……これだとあとのページを書く自分に投げすぎなので、駆け出しのときにやっていた練習方法だけ書いておく。

会話の中で面白いことを言うには、瞬発力が大事だ。考え込まずにワードセンスを発揮するには、アドリブ力を磨くしかない。

アドリブ力は努力で磨ける。

「面白い！！」と感じた動画を見ながら、その人の発言を自分の言葉で噛み砕いて言い換えられるように練習するのだ。しかもその場で、反射的に。

面白い言葉を聞いて、別の面白い言葉に言い換える。これは、面白い人の発想力を吸収しながら、ワードセンスのオリジナリティも築いていける最高の練習法だと思う。

俺は自覚がある。俺が面白いと思ったＹｏｕＴｕｂｅｒやインフルエンサーのいいところや好きなところをごちゃまぜにして、自分流に噛み砕いたのが「ニキ」だ。他人を参考にして伸ばした能力だって、自分なりに噛み砕けていればオリジナルだ。俺はそう信じている。

18 person

ひとつのステータスに全振りしている日本最高峰の人

ＹｏｕＴｕｂｅｒだけでなく、芸人さんもトークのお手本にしている。やはり芸人さんは、日本のトーク最高峰。昔はテレビや動画を観てただ笑っているだけだったけど、動画を撮り始めて、この人たちすげーんだな！って改めて尊敬するようになった。

俺が師と仰いでいるのは、まずインパルスの板倉さん。俺がこうなりたいと思い続け、目指して努力し続けているワードセンスの塊。それが板倉さん。

いちばん衝撃を受けたのは、何かのツッコミで「盗人ツッコミ」の対義語を「ボケ国民」にしたこと。盗人の反対って何？と考えたときに、「国民だ」となるのがすごい。盗人の被害者になる人間を「国民」という大きな言葉でとらえるセンス。

これは、板倉さんがアイドルを遠隔で操って言わせた言葉だ。直接対面していない相手に、すぐさま的確なツッコミをしていく姿はしびれた。

「ツッコミ消費税の値上げ反対」「ボケ国民の願いです」と、国民にからめていろんなワードを展開していたのも天才すぎた。

そして令和ロマン。令和ロマンは「100ボケ100ツッコミ」という企画がかなり面白かった。100回ボケて100回ツッコむまでのタイムを競うという企画なのだが、速いうえに質が高い！

「水泳選手の北島康介と母校が同じなのに学校にプールがなかった」という話のボケで北島康介の「陸の部分を育てた」という感じの表現を使ったのが衝撃だった。北島康介の「チョー気持ちいい」「なんも言えねえ」という名言を、「陸の部分」と言うのが本当にすごい。たしかに泳いでいる水中と比較するなら確かに「陸」だ。だけど、その発想はなかなかできない。言われて初めて「その言い方があったか！」と気づく。自分の発想ではたどり着けそうにない。

令和ロマンは知識ボケ、高学歴ボケができるのも憧れポイントのひとつだ。

そしてこの2つの企画は、どちらもYouTubeチャンネル『佐久間宣行のNOBROCK TV』でUPされた動画のものだ。佐久間さんは、芸人さんそれぞれに合った企画を考えるのが上手すぎて憧れる。

特にハリウッドザコシショウさんの企画が印象的だった。「ザコシがあのテンションを保つために酒や怪しいものを使っていたら……?」というドッキリで、すっとんきょうなボケをするために、無理やり何かでテンションを上げているという設定がハマりすぎていて大爆笑。

俺のようなＹｏｕＴｕｂｅｒは、自分で企画も出演も編集もする。何かに尖るのではなく、オールラウンダー的な能力を求められる。尖るのではなく、まんべんなくステータスポイントが割り振られていることが必要だ。むしろ尖らないほうがいい。なので、芸人さんや佐久間さんを目指すのは難しい。

話はそれるが、ＹｏｕＴｕｂｅｒがグループ化する最大のメリットはそれだと思っている。グループに一人でもオールラウンダーがいればチャンネルは成り立つ。つまりグループ内に企画と編集もできる人が一人いれば、その他の人は出演だけでＯＫ。女子研究大学もそのメリットをかなり享受している。

でも、俺も佐久間さんみたいな感じで、出てくれる人に合った企画をしてみたい。女研メンバーだったら、どんな企画がいいかな。せっかくだし考えてみるか。

いちばん考えやすいのはりぃちょ。りぃちょって、お勉強はおバカなんだよね。でも、本人は地頭がいい！と思っている。そこをへし折ってギャップを見せたら、絶対面白いし、より魅力的に見えるんじゃないかなー。自信満々ぶりと実力の乖離が親しみやすいし笑えるんだよね。自分が思っている自分のキャラと、周りから見たキャラにギャップがあって、周りから見てるほうが親しみやすいって、どう考えても最高のギャップじゃん。

うん。りぃちょメインで水平思考クイズ企画とかウケそうだな。キャメもちょっとおバカなところがあるので、対決させてもいいかも。おたがい変なこと言うから、それを逆手に取ったドッキリもあり！

動画にするかもしれないから、この先は秘密にしておく。もし、今言ってたみたいな動画がいつか出てきたら、「あの本のやつだ！」ってコメントしてくれ。

18号は男子にクールなのがいいところだから、それを崩してギャップを引き出すような企画をやってみたいな。しろせんせーは俺と即興コントをやってそれをクイズにしたいけど、その理由も秘密。いつか動画になったときに、理由を想像してください。

こうやって書いていると、メンバーに合わせた企画をやってみたくなってきた。本気で考えてみよ。

いつか、突出した企画力のある人と肩を並べられるような動画を作って、みんなに観せたい。俺だって、オールラウンダーじゃなくて、何かに尖った人間になってみたい。そう思いながら、今日も俺は動画を編集するんだ。

19 person

俺らとぶっこわれる覚悟がある人

わあ！！！　なめたクチきいたらやられる！！！！

今となっては俺たちが心から信頼するマネージャー・Ｋさんだが、第一印象はこんな感じだった。初対面のときは、心の底からビビった。

まず、Ｋさんはビジュアルがヤバい。通話だけだと優しいメガネの人を想像する物腰の柔らかさだが、実際のＫさんはムキムキのラーメンマン。スーパーロングモヒカン。その見た目をもっとわかりやすく言うと、「詐欺師が詐欺師の格好をしてきた！」。感想はマジでこれ。Ｋさんの第一印象は、俺の人生のＴＯＰ Ｔｉｅｒに入る。おそらくこれを読んでいるみなさんも、Ｋさんに会えばＴＯＰ Ｔｉｅｒに入れてしまうと思う。

しかもＫさんは最初からたくさん案件を持ってきてくれて、「信用しなくてもいいです！　お仕事振るからとりあえずやりましょう！」と言ってくれた。

怪しい。怪しすぎる。

おいしい話すぎて、メンバーはみな「詐欺では……？」と怪しんでいた。俺らの不安をよそにKさんは部外者として俺たちに関わり、案件獲得、問い合わせ窓口、ライブ開催のあれこれなどを手伝ってくれた。

怪しい。怪しすぎる。

こんなふうに疑っていた俺らがKさんを信用した理由。それは、時間である。大きなハプニングを乗り越えたわけでも、絆を確認できるほど大きな敵から守ってもらえたわけでもない。女研のコミュ力あるメンバーから順にじわじわ打ち解けていった。とうとう全員打ち解けたぞ！くらいでKさんが「俺って、女子研究大学のなんなんですかね……？」と、まるでセ●レのような質問を投げてきたので、マネージャーと名乗ってもらうことにした。やっと付き合うことにした、というわけ。

Kさんは、仕事量がすさまじい。全ての仕事を知っているわけではないが、常に稼働している。さすがの俺でもKさんみたいな働き方をしろと言われたら、途中で投げ出してしまう気がする。常にスケジュールはパンパンなのに、俺らの案件を取ってきたり、俺らのスケジュールに合わせて会議をしてくれたり。会社をいくつか掛け持ちしていて、ビジネスの知識もハンパない。

そんな忙しい中、Kさんは俺たちにお金関係のことをかなり細かいところまで説明してくれる。そのイベントをするとしたら、売上はいくらか、場所代やシステム代などの経費はいくらか、利益はいくらか、どこにいくら払うのか、俺たちに入るお金がいくらなのか……を包み隠さずオープンにしてくれる。

おそらく、演者にそこまで説明してくれるマネージャーっていないんじゃないかな。「このイベントをすれば、ギャラ◯◯円です」くらいしか教えてくれないと思う。でもKさんは本当に細かく教えてくれる。

「なんでこれが◯◯円なの?」と俺らが不安にならないように、という理由だそうだ。俺みたいなYouTuberは、だいたいそういう話に疎い。全く興味がない無頓着野郎もいるし、「売上が◯◯円なのに、なんで××円しかもらえないんだ?」と勝手に変な計算をする疑心暗鬼野郎もいる。

どちらに対しても誠実でいるために、全てを説明してくれるらしい。
マジで最初っから信用すべきだったよね。でもスーパーロングモヒカン野郎を無条件で信じるのも難しくない？　ごめん、Ｋさん。

そんなＫさんのいちばんヤバいところは、誠実さではない。アツさだ。誰もが振り向いてしまうほど、熱量がすごい男・Ｋさん。

そのアツさを強烈に食らったことが一度ある。Ｋさんに連れられてクライアントと食事をしたときのことだ。お酒を飲みながら熱が入ったのか、クライアントにほぼキレるような勢いで、「女研にベットできるのか」と、アツい話をしてくれたのだ。

要約すると、「ＹｏｕＴｕｂｅの第一線で戦おうとしてる女研と真剣にやっていけるのか」「つまんない大人として接するんじゃねえ」とクライアントに説く内容だった。

俺は正直、大人のつまんないコンプラみたいなものが大嫌いだ。そんなもん無視すればするほど面白いと思っているし、ギリギリを行きたいと思っている。

Ｋさんはそんな俺らと「ぶっこわれる覚悟」がある。そして、周りにいる他の大人たちにも、その覚悟を持たせようとしてくれるのだ。

かっけぇ。アツい。俺らが頑張れるようにしてくれるＫさん。うん、やっぱ最初から信用しときたかったわ。

ちなみにＫさんは俺らより15歳ほど年上。俺たちに本気でベットしてくれる最高の大人だ。

20 person

すげえのに腰が低い人

19歳の頃に派遣のバイトをやっていたとき、大きな教訓を得た。
それは「人に優しくしよう」という、ごくごく当たり前なこと。でも、そんな当たり前のことが身に染みるような場所だった。

なぜか。派遣先の社員のみなさんは、派遣でやってきて働く人のことを人間だと思ってくださらなかったからです。多分、道具くらいに思われていた。
あいさつしてもろくに返してくれない。「今日はよろしくお願いします！」と言っても、返事は「うぃ」みたいな感じ。仕事自体はそれほど大変ではなかったが、扱いがしんどすぎて、もう勘弁してくれよと何度も思った。社員を殴ってやりたいと思ったこともしばしば。クソが。

そしてある日、俺はライブの警備に入った。会場の関係者しか通れないルートに、一般の人が入ってこないように見守る係だった。つまり、その道は派遣先の社員さんはもちろん、音楽関係者、他のスタッフなど、様々な人が通るわけですよ。

でも、だれもあいさつを返してくれない。

人間として最悪のやつしか通らねえんか？　地獄の入口か？　それとも俺、存在してないんか？と嫌な気分になっていたとき、声が聞こえた。

「おつかれさまでーす」

やっと、初めて大人の人が俺にあいさつをしてくれた。よかった！　めっちゃいい人いた〜〜〜！

いや、一言でここまでテンションが上がるほどぞんざいに扱われていた俺、かわいそすぎね？とすら思う。

でもその人は目を見てあいさつしてくれた。その人の感じがよすぎて、一瞬にして心が癒やされた。本当に心がすさんでしまっていたので、こんなほんのちょっとの優しさでもかなり染みる。

ここからさらに驚くことが起きる。

次の業務である、「お客さんがステージに寄ってこないように、付近で見守る」に移ったら、なんとさっきのあいさつしてくれた大人がステージでドラムを叩いていたのだ。えっ、演者さんだったんですか⁉　いちばん腰が低いのに⁉　すごい人のほうが腰が低いってマジだったんだ！！

このときの記憶は、今でも俺の行動にかなり影響を与えてくれている。今の俺は演者側。あのときの嬉しさが忘れられないから、俺は絶対に全員にしっかりとあいさつする。あのときのしんどさが忘れられないから、俺は絶対にふんぞり返らない。自分を振り返る。ふんぞり返ると、人間はそこで終わる。俺はめっちゃくちゃ有名になって、すげえ金持ちになっても、一生腰が低い人間でいる！　これガチです！

もしそうじゃなくなったら、みんな俺に注意してくれ。即土下座であいさつする。

21 person

イベントのとき初対面でも仲良くなれる人

友達とハロウィンで騒ぐやつ、やったことあります！　大学1年生のときに一度だけやった。そこで初めて会った女の子10人と仲良くなってしまった。こういうイベントのときに、初対面の人と仲良くなるの、得意なんだよね！

楽しみたいのにやり方がわからない……みたいな人もいるみたいだから、俺が「イベントのときに仲良くなれる相手の見極め方」と、「ノリで仲良くなる方法」を、当時の経験を踏まえながら説明して差し上げよう！

その前に、まず準備から。「俺はこのイベントを楽しむ気があります！」というビジュアルを作っておくことが大事だ。といっても気合を入れすぎなくても全然OK。とにかくイベントにのっとった何かを持っておけばいい。

ちなみに俺はドンキで買ったひょっとこのお面ひとつ装備して挑んだ。コスプレって言い張れればなんでもいいってこと！　仮装してる人に対して「俺も仮装してます」というノリで行ければいいだけ。クリスマスなら帽子被っとけばOK。

そして「イベントのときに仲良くなれる相手の見極め方」。これの第一段階は簡単だ。いったんまず、ノリで「いえーい！」と手を振ってみる。全く返してくれなければ、すぐ引く！　イベントでテンションぶち上がってるはずなのに手を振り返してくれないなら、相手は知り合いだけで楽しみたいと思っている可能性が高い。申し訳ないと心の中で謝り、すぐ撤収しよう。

つまり、「初対面でも仲良くなれる人」とは、「手を振り返してくれる人」です！

そしてここからは「ノリで仲良くなる方法」。

手を振りあったのを皮切に、かるーく話しかけてみる。これはハロウィンだからこそやりやすいのだが、相手のコスプレにからめて一言声をかけてみる。

俺がハロウィンを満喫した当時は『鬼滅の刃』全盛期。例えば甘露寺蜜璃のコスプレをしてる人には「恋の呼吸!?」と声をかけたのを覚えている。

軽い一言ならなんでもいい。クリスマスなら「メリークリスマス！」でいいし、学校のイベントなら相手の出し物や競技に合わせた単語を少し出してみるとかね。

とにかくイベントと相手にからめる。

そこで嫌な顔をされたら、またすぐ撤収だ。

それもＯＫだったら、最後の段階。「俺の恋柱ですか？」のように、自分にもからめつつ、ちょっと距離を縮めた発言をしてみる。これで受け入れてもらえればもう仲良くなれる。写真も撮れるし、それを口実に連絡先も聞けるはずだ。もちろん、嫌がられたら、即謝る。

「ごめんこれは違ったよね」「言いすぎたわ。ごめん」で笑ってくれたら、それ以降はラインを越えないように会話を続ける。笑ってくれなかったら撤収。

ハロウィンのとき、ミニスカポリスには「すみません。拾った１００円使っちゃいました……逮捕してくれませんか？」と言った記憶がある。そこでダーン！とウケたら余裕で仲良くなれる。ダーン！とすべったらで謝罪＆撤収。

とにかくスモールステップで馴れ馴れしさを上げていき、向こうがストップをかけたらフォローか撤収。「一回でも少しでも不快にさせたら終わり」を守ること。一回の出会いには一回の不愉快まで。これが俺のルール。

誰だって「これ以上は無理」のラインがあるし、こっちからは見極め不可能。それでも仲良くなりたいんだから、そのラインを探るしかない。ダメなら「ごめん！」で即去ればいい。

ポイントは「仲良くなれるまでねばらない」ということ。しつこいと絶対に仲良くなれない。ダメだったら即諦める！　去れないやつは愚民です。迷惑をかけるのはやめよう。

この「馴れ馴れしさスモールステップ」はかなり使いやすい手だ。特にイベントではかなりやりやすくなる。相手も自分もテンションが上がっていて、声をかけるハードルも返すハードルもかなり下がっているから。

きっと、これができたら友達も作りやすいし、気になる人に声もかけやすいんじゃないかな。異性でも同性でもね。

COLUMN TEN

チームプレイは効率や勝利よりも「仲のよさ」重視

[COLUMN TEN]

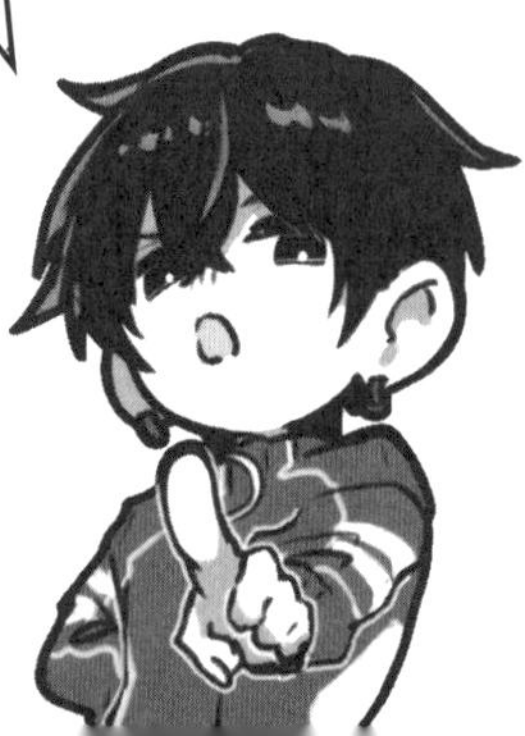

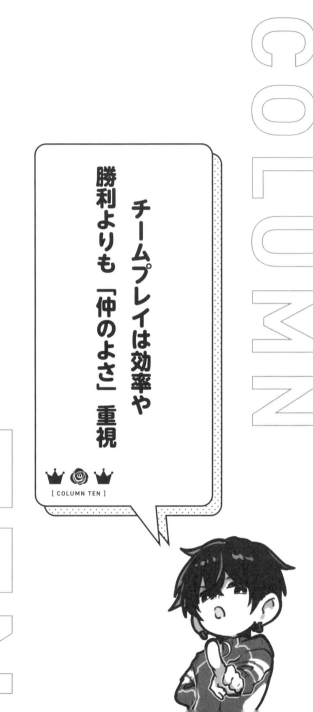

社会は、森羅万象チームプレイ。仲間とよい関係でいることは、生きていくうえでかなり重要なポイントになる。

クラスメイト、部活、仕事、バイト、サークル、家族、どこだってチームになる人がいて、その人たちとの協力が求められる。

俺が所属しているグループ、女子研究大学もそうだ。グループで人に見られる活動をするとなると、他の仕事よりもさらに「仲良しでいる」ことが重要になる気がする。仲のよさが活動内容、つまり仕事のクオリティに顕著に現れるから。

仲のよさや居心地のよさで、トークの内容は変わる。なので俺は、メンバーとプライベートの時間も多く過ごすこと、仕事以外の時間も共有すること、を心がけている。

だって、人って変わるじゃん。なんなら日替わり。仕事だけでしか会わないってなると、会うたびの変化がエグいわけ。その変化に慣れるまでに時間がかかり、動画が思ったように展開しなくなることだってある。おたがいにやりづらいし、面白くなりづらい。「あ、今日のこいつにコレ言ったらこうなるんだ……！」みたいなことも起きちゃう。そうならないように、日々相手を知るのって大事だと思う。

そのために何をやっているかと言うと、裏でゲームをすること！　配信外ゲームって、実は遊んでるだけじゃないんですよ。おたがいをわかりあって、動画のクオリティをコントロールしやすくする効果もある。みんな編集だと来てくれないけどゲームなら来てくれるしね。……ふざけんじゃねぇ、編集するときも来い。

ゲームって、大人数で仲良くなるのにかなりいいツールなんだよね。部活仲間とかとやるのもいいと思うよ。部活とか仕事とか、目的があるグループって、腹割って話さなきゃいけないこともある関係じゃん。

でもいきなり腹は割れない。その前のステップとしてゲームしながら軽く「最近どうなの？」みたいな話をして、腹を割りやすくなる空気みたいなのを醸成しておくのってめっちゃいいんだよね。普段からその人とプライベートの話をしておくと、相手のことを深く知るきっかけになるしさ。

そのとき欲しい言葉も、相手を知ってるほうがわかるようになる。それって大事だよね。ボケへのツッコミも、悩みごとへのはげましも、どんな言葉でも。

あと、仲間との関係が悪いと、おたがいパスを出すのを迷っちゃうっていうのもある。例えばバスケで、すげぇいいパスが出せそうでも、相手のことがめちゃくちゃ嫌いだったら、一瞬「こいつに活躍させるの嫌だな」って絶対脳をよぎるじゃん！　結局チームのためにパスは出すとしても、絶対思うじゃん！　人間だもん！　でもさ、その1秒ってマジでもったいない気がするんだよな。これは会話のパスやゲームのアシストにも共通する話。

だから、メンバーとの関係は「いかに仲良く」「いかに居心地よく」するかを考えてる！　効率よくとかそういうのより雰囲気のほうが大事。部活だろうが仕事だろうが、関係性が安定したうえで、効率とか勝利とかを追求していくのが、いちばんいいんじゃないだろうか。

COLUMN ELEVEN

俺以外のやつのケンカを止める！！！

[COLUMN ELEVEN]

俺が女研メンバー全体を見て、いちばん気をつけているのは、実は「他のやつらがもめないこと」だったりする。俺と誰かがケンカするのは別に大丈夫。なぜなら俺が謝るか、誠心誠意説得するか、俺が「今度からこうするね」って変わるかでなんとかなるから。解決の余地がある。でも人のもめごとは、俺にどうにもできない。だからそうなる前に話す場を作るしかない。

ゲーム中は、ちょっと真剣な話をする場にもちょうどいい。ポロッと本音を言ってくれたりする。そういう場がないと解決に向かわなくなる。結果、思い詰めたやつが「やめちゃおっかな」「一人でやろうかな」って考えちゃうじゃん。

世の中では「プライベートと仕事は完全に分けよう」みたいな風潮がある気がするけど、「仕事外で部下や後輩の話を聞けていたら、そいつはやめなかったのに」みたいなケースもめちゃくちゃあるんじゃないかな。

一緒に仕事したいやつにはプライベートの時間も割くのが俺のポリシー。まぁ、普通の仕事をしたことないからＹｏｕＴｕｂｅ以外のことはわかんないけどさ。

COLUMN TWELVE

「人と話すと疲れる」についての考察

[COLUMN TWELVE]

「人と話すと疲れる」ってさ、贅沢じゃね？

それって俺が「ＹｏｕＴｕｂｅ動画作るのマジで疲れるわー」って言ってるのと同じことだと思う。

疲れるならやめれば？　なんでやめないの？　その疲れを超える楽しさや嬉しさだったりメリットだったりがあるからだよね？　だからもう贅沢なんだよ。疲れたって話したいんでしょ？


話すとき疲れる理由って、あれこれ気を遣わないといけないせいだと思うけど、そんなん俺もそうだよ！　俺はめちゃくちゃしゃべるけど、結構気も遣っている。でも、俺の疲れなんかよりずっと大切なものがあって気を遣うんだから、そこに不満はない。しょうがないもんだとして受け入れている。

メンバーとしゃべるときに気を遣うのは俺含めみんなの居心地をよくしたいからだし、動画でしゃべるときに気を遣うのは再生数が減ったら生活できないから。


つまり、「何が理由で気を遣ってる？」って原因を取り出したら、意外と納得できるかもしれないよって話。気を遣った先にあるものを見る。

仲良くなりたいから、友達が欲しいから、雰囲気よくしたいから、人気者になりたいから、気を遣って話しているんでしょ？　じゃあそれはやりたいことのための努力だよね。「スポーツが上手くなりたいけど筋トレしてると疲れます」って言ってるのと一緒！　疲れて当たり前！　筋トレせずに筋肉つけるのは無理！

そして、「なぜ疲れることをやっているか」を考えてみて、もしその先になんにもなかったり、マイナスがあったりするならやめちゃおう。壊れちゃうから。

そこらへん、一回じっくり考えて整理してみるといいかも。

COLUMN THIRTEEN

ニキ流ワードセンスの磨き方

[COLUMN THIRTEEN]

「一段とばしでトークできる人」（P135）に書いた、ワードセンスの話。俺は生まれつきそのセンスがある！　……というタイプではないので、日々の積み重ねでセンスを磨こうとしている。改めてもう一度言うが、瞬発力で面白いことを言うアドリブ力は、地道な努力で伸ばせるのだ。

連想力を鍛えるためには、まずとにかく知識をつけること。「みんなわかるけど会話にいきなり出ると面白いワード」といえば、歴史ジャンルがおすすめ。そうきたか！と思わせるのに最適だ。学校で習ったから意味はわかるけど、語彙として身についてない……くらいのワードがいちばん刺さる。そういうワードをかき集めて、とにかく暗記する。

「わかる！と共感を呼ぶワード」を出すなら、マンガや芸能界の知識が面白がられやすい。

共感ワードのコツは、最初に思いつくものを避けること。マリモっぽいものを見たときに「ゾロかよ」は直球すぎるから「ONE PIECEのガイモンかよ」にする。いたねえ！みたいな感覚にさせれば勝ち。これが「一段とばし」だ。

そして重要ポイント。どちらの場合もワードを出す前に、会話の中で相手の事前情報を集めておく必要がある。

例えば、『ONE PIECE』を全く読んだことがない人は、前のページで「ガイモンって何？？？」といまいちついてこれなかったはずだ。優しい読者なら調べてくれて「あ〜たしかにマリモっぽいかも」と納得してくれるかもしれないが、会話の中でそんなことをしてくれる人は、ほぼいない。

相手の頭の中が？で支配されるようなワードを使っても、その人は絶対に笑ってはくれない。会話が詰まることさえあるだろう。

なので、相手との会話の中で「どの知識がどこまで刺さるか」というのは探っておかなきゃいけない。その段階を踏まずに飛躍ワードのボケをするのは博打だ。話した感じで『ONE PIECE』を読んでいそうならガイモンって言っていいし、歴史が好きそうなら80％の人には通じない歴史ネタを出しても刺さるかもしれない。

ＹｏｕＴｕｂｅの場合もそうで、視聴者が何が好きでどんなワードで盛り上がってくれるかというのを考えたうえで、俺はボケのワードを選定している。

さらに、とても大事なことをひとつ言う。「刺さるワードが思い浮かばないときは普通の相づちでいい」。これを心に刻んでおいてほしい。会話に見逃し三振はない。だから「絶対にヒットを打てる球」が来るまで待つ。俺はそうしている。

会話をしているとき、刺さるワードでボケるのが１００点だとすると、普通に回答するのは50点。変にひねってすべるのが1点だ。

そう、何もしないよりもすべるほうが、かなり点数が低い。

なぜなら、普通の回答だけならただの「会話ができる人」になるが、ひねってすべると「面白いことも言えないのに出しゃばってくる人」という最低最悪の評価になりかねないからだ。

勝ち戦だけする。これはずるいことではない。いい言葉をいい間で思いつかないなら、「へー」「そうだね」と言っておくほうがマシだ。なんなら返事しなくてもいい。自分の勝ち確パターンに持っていけると確信したときだけボケろ。

最後にもうひとつ。アドリブ力に欠かせない能力がもうひとつある。それは「話している最中に一段とばしワードを自分の引き出しからすぐに出す」というものだ。せっかく頭の中に知識としてワードを溜め込み、その場で刺さるジャンルの選定ができていたとしても、会話のスピードを殺すことなくボケを繰り出せなければ意味がない。ここがいちばん難しいと思う人もいるだろう。

これも、地道な努力でなんとかなる。生まれつきのセンスなんかなくても大丈夫だ。練習もすげえ簡単。

「人の話を要素で分解しながら聞く」。まずはここからだ。例えば「中学生の頃、野球やってたんだけど、マジで下手くそだったんだよね」という話をされたとする。ここから抽出できる要素は、まず話の中に出てきた「中学生」「野球経験」「下手だった」という3つの要素。そしてこのエピソードは昔の「黒歴史」を話している。つまり「中学生」「野球経験」「下手だった」「黒歴史」計4つの要素がある。

そしてこの4つのいずれかに引っかかり、その場で刺さりそうなジャンルのパワーワードを、自分の知識の中から持ってくる。このスピードが速くなるように練習する。要素分けをすると、ワードが探しやすくなるので、かなり「一段とばしのボケ」のスピードが変わるはずだ。

友達と会話をしながら身につけてもいいし、テレビやYouTubeでエピソードトークを聴きながら、一人で練習してもいい。とにかく、要素に分け、刺さるジャンルとかぶるパワーワードを自分の中から引っ張り出す。この訓練を繰り返せば、どんどん上達していく。間違いなく。

コツをお伝えすると、「最初から一段とばしのワードを探す」と決めておくこと。スピードが速くなりやすい。前のページのマリモ+ONE PIECEのパワーワードを出すときは、「ゾロ」みたいな安直ワードはとばすと決め、最初から「ガイモン」レベルを思い浮かべるようにする。定番は出さない。

これを繰り返していると、会話中にいつのまにか勝手に頭が話の要素を分解するようになり、一段とばした先のパワーワードがいくつか思い浮かぶようになる。少しひねって刺さる言葉を出したいなら、この訓練をやってみてほしい。

「知識をつける」と「相手の情報を得る」、そして「話を要素で分解する」。この3つの積み重ねで、会話のワードセンスは磨けます。

少なくとも、俺くらいまでは絶対来れるよ。俺と同じくらい努力すればね。

COLUMN FOURTEEN

人見知りでも500回話しかければ心を開く

[COLUMN FOURTEEN]

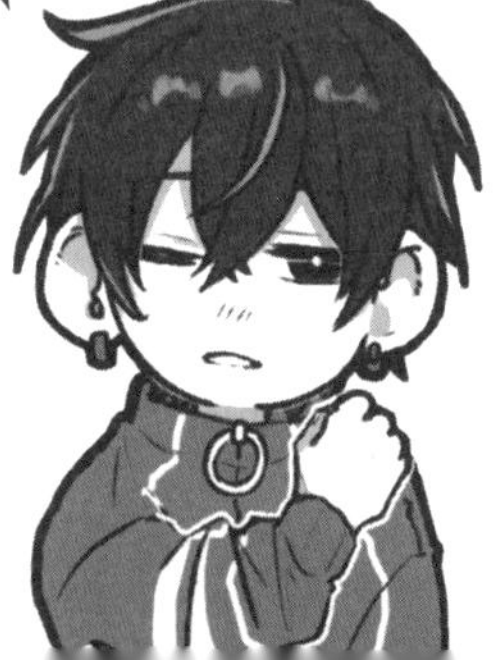

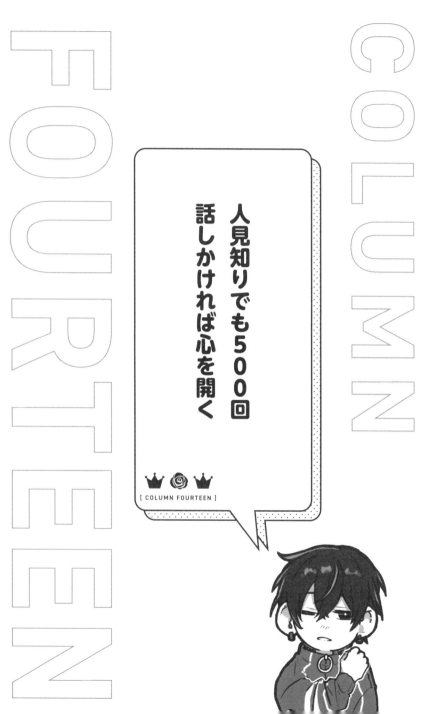

人見知りでも500回話しかければ心を開く

人見知りの人は、慣れてない人が怖い。ということは、話しかけまくって慣れてもらえれば、心は解ける。俺は、人見知りの人にはとにかく話しかけて、いちはやく慣れてもらうようにする。

生まれたときからずっと一緒に住んでる家族に人見知りを発動してる人ってほぼいないじゃん。まぁ家族とまではいかなくても、「さすがに慣れた」と思わせれば、人見知りだって攻略可能だよね。

ということで、人見知りの人と仲良くなる方法は「500回話しかける」です。回数です。どう話しかけるかとか、話の内容とか、そういうのはあんまり関係ない。最低限親しみやすい感じを出すのは必要だろうけど、あとは数。質より数。

話しかけまくって、ウザがられたら一回撤収。そしてまた話しかける。

慣れは蓄積だから、撤収したって完全リセットにはならないはず。とにかく続ける。10回話しかけたら次は30回を目指して、50回を目指して、100回を目指して……。声をかけ続けているうちに向こうも慣れて話しかけてくるもんだよ。

そう考えると、人見知りなだけの人の心って意外と解かしやすいのかもしれない。

[COLUMN FIFTEEN]

苦手な人と接するのが嫌なら魅力を磨け

学校や職場だと、苦手な人がいても付き合いは不可避。

かなり極端な話をすると、苦手な人の対応から逃げたいならとんでもない魅力的な人間になるしかない。みんなから好かれすぎて、付き合う相手を選び放題にできる存在になれれば、避けられるからね。

選んでも嫌われない立場になる。

でもそれって極端すぎるしちょっと残酷な話だよなぁ。と、思うので他のアプローチを考えてみました！

例えば、苦手な相手の周りに人がいない場合。

つまりそいつが他の人からも苦手がられている場合。それはもうそいつが終わっているので気にしなくていい。こっちがうまく関わろうが関わるまいが、そいつが自分を省みて成長しない限りそのポジションにいるはずなので、「苦手だな」と思いながらなんとなくやり過ごせばいい。そいつに傷つけられる必要もないし、ひどいことをされたら同じく苦手な人に愚痴ったって問題にはならないはずだ。

苦手な人の周りに人がいる場合。つまり、自分は苦手だけどその人自身は好かれている場合。これは改善の余地があるんじゃないかな。

要は、自分がその人のよさに気づいていないだけの可能性がある。相手のよさを知っていて苦手なのか、それとも知らなくて苦手なのか。まずそこに向き合う必要がある。知らずに苦手なら、まず知るところから。知っていてダメならその人と付き合うメリット・デメリットを一回整理してみる。

あと、結構多いパターンとして「自分の所属しているコミュニティのリーダーが苦手」ってやつ。部活のキャプテンとか、店長とか、そういうやつ。無理なんだけど、付き合うしかない状況って、リーダーまたはリーダー格の人間が相手のことが多いよね。そういう場合は、できるだけ自分を不快にしないようにする。

具体的なやり方としては、コミュニケーションの親密度レベルが4まであるとしたら、頑張ってもLv2までしかやらない。かなり手前のコミュニケーションで終わらせて、ストレスを溜めないことを優先する。つまり、当たり障りのない対応のみやっていく、ということ。

それでも苦手なら……よくね？　俺、そういうやつと仲良くしたことないかもしれない。どんなに防御策を考えてもうまく行かないなら、もうそいつと付き合わずにすむ方法を取るな。同じグループに苦手なやつがいたら、俺がそこを抜けて違うコミュニティに行っちゃうとかね。自分を不快にしないこと、マジ大事。
どうしても抜けたくない場所なら？　俺なら努力で黙らせるね。リーダーと俺を比べたときに、俺のほうがチームにとって価値があれば、周りの人たちだって俺を大切にしようとするでしょ。「抜けられると困る！」って魅力をつけるために自分を磨き続ける。

自分と苦手なやつをすげぇ客観目線で比較してみて、どう考えても自分のほうが価値があるのに大切にされないなら、その場所は理不尽な場所。居続けても意味ないでしょう。自分の価値を探しに行くためにも、やっぱりその場所から去るのが最善じゃないかな。俺だったらそうする。

多分その先に、ハマるコミュニティがあると思うよ。
ちなみに俺はＹｏｕＴｕｂｅを始めたときに薄っぺらい友達は全員消し飛んだ。大学に行かなくなって、学校だけで繋がってた友達は疎遠になっちゃった。残ったのは高校の友達３人、大学の友達３人。もともと友達は結構多い人間だったのに。

でも俺は全然気にしてないよ。俺には必要なくて、相手にも必要なかったから縁が切れただけじゃん。気にせずやりたいことをし続けた結果、ＹｏｕＴｕｂｅっていうコミュニティにたどり着いて、そこで友達が増えた。

この経験からもう一個言えるのは、やりたいことやった先にいる仲間は、やりたいことやってるやつらばっかり集まるから、楽しいし平和。

友達や知り合いが一生できないとか、新しいコミュニティが一生見つからないなんてことはないよ。必要としない・されない場所からは思い切って離れたら？

COLUMN SIXTEEN

向いてる場所で向いてること
をやったほうがいい

[COLUMN SIXTEEN]

「お前仕事できないから、皿洗いだけやっといて」

これ、みんなに知っといてほしいんだけど。飲食店でバイトしてたとき、俺がマジで言われた言葉です。

俺はYouTubeという向いている場所にたどり着けたから、50万人登録というでかい目標も達成できたし、テレビに出てライブも開催して本も出して、まだ上を目指し続けられてる。飲食店だったらマジで役立たずだし、まだ人並みにすらなれてない可能性もあるのに。

俺は今まで野球も諦めているし、バスケも辞めたし、大学受験も全志望校に不合格になりすべり止め校に進学してる。なんにも楽しくなくなった時期もある。

人は、絶対に何かに秀でている。なんにもできないやつなんていない。だから今見つかってない人も、探し続けてほしい。俺のYouTubeのように、今までが嘘みたいにうまく行く〝向いてること〟が誰にでもあるはず。俺が保証する！

おわりに

一生努力。
満足するとそこで止まる。
現状維持は停滞。

これは宣言だ。俺はこれからもずっと努力し続けていく、という宣言。
努力をすることで人生は変わる。
その努力が結果に直接結びつくかというとそれは別の話だ。
スポーツも勉強も、俺の努力は結果に結びついてはいない。

スタメンになれなかったこと。大学に落ちたこと。
うまく行かなかったから失敗だ！と絶望するのか。
たくさん運動できて、たくさん勉強できて、糧になったととらえるのか。

俺は糧になったと思えたので、人生にも考え方にもいい影響があった。

一見失敗のようなことでも、学べることはたくさんある。


努力は目に見えない。

結果に直結しない限り、積み重なっているかどうかすら確認しづらく「自分は努力している！」とはっきり自覚するのも難しい。

頑張っていないと思い込んでいる人も多いように感じる。


でも俺は、努力をしていない人間なんていないと思う。

学校や職場に行くだけでも努力だし、人と接することだって努力だ。

エネルギーを使わずにできることじゃない。

「自分は何に努力しているか」を探すだけで自信の第一歩になるはずだ。

きっと認識できていない努力がたくさんある。

俺は努力していると言ってきた。
それは自分の努力をきちんと認識しているってことでもある。
何に頑張っているか、何なら頑張れているのかを認識できれば
自分が進むべき道も、悩みの解決策も、なんとなくでも見えてくることが多い。

人との出会いが学びになるという話を何度かした。
この本も、読んでくれた人と俺の出会いになって、何かの役に立ったら嬉しい。
スポーツも勉強もダメで、バイトでも役に立たなかったやつから何を学ぶか。
ＹｏｕＴｕｂｅという道を見つけてようやく努力が実ったやつから何を学ぶか。
教師にするか反面教師にするか。
それは読んでくれた人次第だけど、何かのプラスになれるといいな。

最後に、ここまで読んでくれて本当にありがとう。
俺を応援してくれている人の中には、
本をあまり読まないけれど買ってくれたという人もいるんじゃないかな。

感謝しかありません。

ずっと応援してくれているみなさんへ、もっと具体的な宣言を。
俺は、面白いまま200万人登録を目指します。
応援してくれるみなさんが好きな「ニキ」のまま。変える気はない。
登録者数が増えれば増えるほどしがらみも増えて、保守的になるものだけど
俺は絶対そうならないから！！

炎上しても、屁理屈並べてゴネて貫き通すから、ずっと好きでいてね♡

ニキ

クレジット

マネジメント――川崎哲也（合同会社BrainCraft）
ブックデザイン――AFTERGLOW
カバーイラスト――水川雅也
本文イラスト――氏味茶・サイドランチ
DTP――山本秀一、山本深雪（G-clef）
校正――鷗来堂
編集協力――東美希
編集――宮原大樹

ニキ

鋭いユーモアと独自のスタイルでファンを魅了する人気実況者。
深い情熱と編集への努力で、多くの視聴者を引き付けている。

<感想について>

#コミュカお化け

のハッシュタグをつけて、
各SNSで本書籍の感想のご報告をお待ちしております。

コミュ力《りょく》お化《ば》けの実況者《じっきょうしゃ》が
出会《であ》ってきた人《ひと》たちがヤバすぎた

2025年1月22日　初版発行

著／ニキ

発行者／山下 直久

発行／株式会社KADOKAWA
〒102-8177　東京都千代田区富士見2-13-3
電話 0570-002-301（ナビダイヤル）

印刷所／大日本印刷株式会社

製本所／大日本印刷株式会社

●お問い合わせ
https://www.kadokawa.co.jp/（「お問い合わせ」へお進みください）
※内容によっては、お答えできない場合があります。
※サポートは日本国内のみとさせていただきます。
※Japanese text only

定価はカバーに表示してあります。

ISBN 978-4-04-607251-1　C0095